岩土工程技术与地质勘查安全研究

夏志永　刘兴智　史秀美◎著

吉林科学技术出版社

图书在版编目（CIP）数据

岩土工程技术与地质勘查安全研究 / 夏志永，刘兴
智，史秀美著. -- 长春：吉林科学技术出版社，2022.11
ISBN 978-7-5578-9894-6

Ⅰ. ①岩… Ⅱ. ①夏… ②刘… ③史… Ⅲ. ①岩土工
程－地质勘探－安全技术－研究 Ⅳ. ①TU412

中国版本图书馆 CIP 数据核字 (2022) 第 205379 号

岩土工程技术与地质勘查安全研究
YANTU GONGCHENG JISHU YU DIZHI KANCHA ANQUAN YANJIU

作　　者	夏志永　刘兴智　史秀美
出 版 人	宛　霞
责任编辑	王天月
幅面尺寸	185mm×260mm
开　　本	16
字　　数	291 千字
印　　张	13
版　　次	2023 年 5 月第 1 版
印　　次	2023 年 5 月第 1 次印刷

出　　版	吉林科学技术出版社
发　　行	吉林科学技术出版社
地　　址	长春市净月区福祉大路 5788 号
邮　　编	130118

发行部电话/传真　0431-81629529　81629530　81629531
　　　　　　　　　　　81629532　81629533　81629534

储运部电话　0431-86059116

编辑部电话　0431-81629518

印　　刷	北京四海锦诚印刷技术有限公司

书　　号	ISBN 978-7-5578-9894-6
定　　价	75.00 元

前　言

在我国建设事业快速发展的带动下，我国岩土工程技术取得了长足的进步。无论是在岩土力学的理论研究，还是在岩土工程勘查测试技术、地基基础工程、岩土的加固和改良等方面都有深入研究，许多方面已经接近或达到国际先进水平。安全是企业发展的基本保障，也是开展各项工作的前提条件。岩土工程勘查作为建筑工程建设的基础性工作，在岩土工程勘探工作中尤其要重视安全生产管理工作。

本书以《岩土工程技术与地质勘查安全研究》为题，在内容编排上共设置八章：第一章阐述土的工程性质、岩石的工程性质、岩土工程勘查的基本原理；第二章从黄土与湿陷性土的勘察、红黏土与软土的勘察、混合土与填土的勘察、多年冻土与膨胀岩土的勘察，论述岩土工程中特殊性岩土的勘察；第三章从岩土边坡的防护、土质边坡的防护、岩土爆破工程及安全，分析岩土工程的防护技术与爆破；第四章探究岩土工程原位测试、岩土工程中的土工聚合物；第五章从滑坡地质灾害勘察技术与防治、泥石流地质灾害勘察与防治、岩溶地质灾害勘察与防治、地裂缝地质灾害勘察与防治，解析不良地质作用和地质灾害的勘察；第六章围绕矿产地质勘查阶段划分与工程布置、金属矿产地质勘查方法、非金属矿产地质勘查及评价展开论述；第七章重点论述地质勘查安全管理措施、地质勘查野外作业的环境安全措施、地质勘查野外作业的行车安全措施；第八章从地质勘查钻探施工安全管理、地质勘查坑探工程安全管理、地质勘查实验测试安全管理，对地质勘查工程施工安全生产管理进行论述。

本书从岩土工程的概念出发，由浅入深，层层递进，逻辑清晰，内容全面，通过具体分析，系统地对岩土工程与地质勘查进行探析，旨在摸索出一条适合现代岩土工程与地质勘查安全工作的科学道路，帮助相关工作者在应用中少走弯路，运用科学方法，提高效率。

笔者在撰写本书的过程中，得到了许多专家、学者的帮助和指导，在此表示诚挚的谢意。由于笔者水平有限，加之时间仓促，书中所涉及的内容难免有疏漏之处，希望各位读者多提宝贵意见，以便笔者进一步修改，使之更加完善。

目　录

第一章　岩土工程勘察概述

第一节　土的工程性质

一、土的物质组成

（一）土的三相组成

不同成因的土，一般是由固相、液相、气相三相组成的多相体系，有时由两相（固相和液相，或固相和气相）组成。固相是指由许许多多大小不等、形状不同的矿物颗粒按照各种不同的排列方式组合在一起，其构成土的主要部分，称为"土粒"或"骨架"。在颗粒之间的孔隙中，通常有液相的水溶液和气体形成"湿土"，有时全部孔隙被水溶液充满，称为"饱水土"；有时孔隙中只有空气，称"干土"，干土、湿土和饱水土的性质差别很大。土粒、水溶液和气体这三个基本组成部分不是彼此孤立、机械地混合在一起，而是相互联系、相互作用，共同形成土的工程地质性质。

可见，各种土中三相物质组成的特性、它们之间的相对比例关系和相互作用，是决定土的工程地质性质最本质的因素。三相物质组成是构成土的工程地质性质的物质基础。固相土粒是土的最主要的物质组成，是构成土的主体，也是最稳定、变化最小的成分。在三相之间相互作用过程中，一般居主导地位。对于固相土粒部分，在进行土的工程地质性质研究时，应从土粒大小的组合和土粒的矿物成分、化学成分三个方面来考虑。

土中不同大小颗粒的组合，也就是各种不同粒径的颗粒在土中的相对含量，称为"粒度成分"，它是反映土的固体组成部分的结构指标之一；组成土中各种土粒的矿物种类及其相对含量，称为土的"矿物成分"；组成土固相和液相部分（有时也包括气体部分）的化学元素、化合物的种类以及它们之间的相对含量，称为土的"化学成分"。

组成土的液相部分，实际上是化学溶液而不是纯水。若将溶液作为纯水研究时，根据土粒对极性水分子吸引力的大小，可分为强结合水、弱结合水、毛细水、重力水等。它们的特性各异，对土的工程地质性质也有很大的影响。气体也是土的组成部分之一，其对土的性质也有一定的影响。

（二）土的粒度成分及其分类

1. 粒组及粒度成分

土的粒度成分是指土中各种大小土粒的相对含量。自然界中组成土体骨架的土粒，大小悬殊，性质各异。为了便于研究土中各种大小土粒的相对含量，以及其与土的工程地质性质的关系，就有必要将工程地质性质相似的土粒归并成组，按其粒径的大小分为若干组别，这种组别称为粒组。每个粒组都以土粒直径的两个数值作为其上、下限，并给予其适当的名称，土粒直径以毫米为单位。

自然界中土粒直径变化幅度很大，从数米的漂石到万分之几毫米的胶粒，因而划分粒组是件复杂的工作。从不同的研究目的出发，有不同的划分方法，但其划分原则基本是相近的，即服从量变到质变的辩证规律。

2. 粒度成分的测定方法

土的粒度成分通常以各粒组的质量百分率来表示。在工程实践中，将土粒度成分进行分类，可用来大致判别土的工程地质性质。另外，在工程地质调查中，确定土体成因类型、编制地质岩性图、剖面图时，也需粒度分析的资料。对土进行粒度分析时，应分离出土中的各个粒组，并测定其相对含量。对不同类型的土应采用不同的方法，砾石类土与砂类土应采用筛析法，黏性土应采用静水沉降分析法。采用静水沉降法时，首先，应将土中集合体分散，制备成悬液；其次，根据不同粒径的土粒在静水中沉降的速度不同，分离出粒径<0.1mm 的颗粒；最后，测定各粒组的百分含量。

3. 粒度成分的表示方法

根据实验测得的粒度成分资料，可用多种方法进行表示，以便找出工作地区粒度成分变化的规律性。其常用的表示方法有列表法、累积曲线法。

（1）列表法。将粒度分析的成果用表格的形式表达。列表法可以很清楚地用数量说明土样各粒组的含量，但对大量土样进行对比时，比较困难，不能获得直观的概念。

（2）累积曲线法。以粒径为横坐标，以该粒径的累积百分含量为纵坐标，在此直角坐标系中，表示两者关系的曲线称为累积曲线。累积曲线的坐标系有两种类型：一种是自然对数坐标系；另一种是半对数坐标系。由累积曲线可求得任一粒径区段的百分含量、任一百分含量的最大粒径、土的有效粒径、土的不均匀系数和曲率系数。

4. 土按粒度成分的分类

土的粒度成分及颗粒形状往往与土的成因类型有密切关系，各种不同成因的土都具有一定的粒度特点。为了便于研究土的工程地质性质与土的成因之间的关系，需要按粒度成分对土进行分类。土按粒度成分的分类（简称土的粒度分类）是工程地质学中一种常用的分类方法。土的许多工程地质性质与粒度成分（特别是砾石类土及砂类土）有着密切的关系。土的结构和矿物成分等与粒度成分间也有一定的关系，也影响着土的性质。因此，土的粒度分类是研究土的工程地质性质及其形成的基础。因为土是由不同粒组的土粒组成的，其工程地质性质在某种程度上可以认为是各粒组性质的综合表现。实践证明，砂类土和砾石类土的工程地质性质主要取决于含量占优势的那些粒组。但在黏性土中，黏粒组的含量起着主导作用。

因此，按粒度成分对土进行分类时应考虑两点：首先，必须考虑这些对土的性质起主导作用的粒组，确定在其含量变化过程中使土的性质产生质变的分界值，作为土划分大类的依据；其次，考虑其他粒组的含量变化对土的性质的影响情况，进行更详细的分类。

我国《岩土工程勘察规范》中，土按颗粒级配或塑性指数可划分为碎石土、砂土、粉土和黏性土。

（1）碎石土：碎石土分类应符合规定，见表1-1。

表1-1 碎石土分类

土的名称	颗粒形状	颗粒级配
漂石	以圆形及亚圆形为主	粒径大于200mm的颗粒超过总质量的50%
块石	以棱角形为主	
卵石	以圆形及亚圆形为主	粒径大于20mm的颗粒超过总质量的50%
碎石	以棱角形为主	
圆砾	以圆形及亚圆形为主	粒径大于2mm的颗粒超过总质量的50%
角砾	以棱角形为主	

（2）砂土：砂土分类应符合规定，见表1-2。

表1-2 砂土分类

土的名称	颗粒级配	土的名称	颗粒级配
砾砂	粒径大于2mm的颗粒质量占总质量的25%~50%	细砂	粒径大于0.075mm的颗粒质量占总质量的85%
粗砂	粒径大于0.5mm的颗粒质量占总质量的50%	粉砂	粒径大于0.075mm的颗粒质量占总质量的50%
中砂	粒径大于0.25mm的颗粒质量占总质量的50%		

（3）粉土：粒径大于0.075 mm的颗粒不超过总质量的50%，且塑性指数等于或小于

10 的土，应定为粉土。

（4）黏性土：黏性土根据塑性指数分为粉质黏土和黏土。当塑性指数大于 10，且小于或等于 17 时，定为粉质黏土；当塑性指数大于 17 时，定为黏土。确定塑性指数时，以液限 76g、圆锥仪入土深度 10mm 为准。

5. 土的矿物成分

（1）土中矿物成分的类型。土的固相部分，实质上是由矿物颗粒或岩屑、岩块组成，所以，土也是一种多矿物体系。不同的矿物，其性质各不相同，它们在土中的相对含量和粒度成分一样，也是影响土的工程地质性质的重要因素。土的矿物成分可分为原生矿物、次生矿物和有机质。

①原生矿物：组成土的固相部分的物质主要来自岩石风化的产物。岩石经物理风化作用后形成碎块，一般是棱角状的，经流水及风的搬运作用后，由于搬运过程中相互磨蚀而变细，并呈浑圆状，但仍保留着受风化作用前存在于母岩中的矿物成分，这种矿物称为原生矿物。土中原生矿物主要有硅酸盐类矿物、氧化物类矿物。另外，还有硫化物类矿物及磷酸盐类矿物。硅酸盐类矿物中常见的有长石类、云母类及角闪石类等；氧化物类矿物中常见的有石英、赤铁矿、磁铁矿，它们相当稳定，不易风化，其中石英是土中分布最广的一种矿物；土中硫化物类矿物通常只有铁的硫化物，它们极易风化；磷酸盐类矿物主要是磷灰石。

②次生矿物：原生矿物在一定的气候条件下，经化学风化作用，使原生矿物进一步分解，形成一种新的矿物，其颗粒变得更细甚至变成胶体颗粒，这种矿物称为次生矿物。次生矿物有两种类型：一种是原生矿物中的一部分可溶物质被溶滤到别的地方沉淀下来，形成"可溶性的次生矿物"；可溶性的次生矿物主要是指各种矿物中化学性质活泼的 K、Na、Ca、Mg、Cl、S 等元素。这些元素呈阳离子及酸根离子，溶于水后，在迁移过程中，因蒸发浓缩作用形成可溶的卤化物、硫酸盐及碳酸盐；另一种是原生矿物中可溶的部分被溶滤走后，残存的部分性质已改变，形成了新的"不可溶的次生矿物"。不可溶性的次生矿物有次生二氧化硅、倍半氧化物、黏土矿物。

③有机质：土层中的动植物残骸，在微生物的作用下分解而成有机质。一种是分解不完全的植物残骸，形成泥炭，疏松多孔；另一种则是完全分解的腐殖质。有机质的亲水性很强，其对土的性质影响很大。

（2）矿物成分与粒组的关系。矿物成分与粒组有一定的关系：卵粒组与砂粒组中主要为原生矿物；粉粒组中以抗风化能力较强的石英为主，还有次生矿物；黏粒组中则主要为次生矿物，特别是黏土矿物。

（3）黏土矿物的类型及其基本工程地质特性。黏土矿物是指具有片状或链状结晶格架的铝硅酸盐，它是由原生矿物长石及云母等硅酸盐矿物经化学风化而成。铝硅酸盐由两个主要部分组成，即硅氧四面体和铝氧八面体。由于两种基本单元组成的比例不同，故可形成不同的黏土矿物。常见的黏土矿物有高岭石、蒙脱石、水云母三大类。

高岭石构造是由一层硅氧四面体晶片和一层铝氧八面体晶片结合成一个单位晶胞。高岭石矿物形成的黏粒较粗大，甚至可形成粉粒，其晶形一般呈一边伸长的六边形。高岭石颗粒平整的表面上带有负电荷，当其与水作用时，吸附极性水分子形成水化膜，具有较大的可塑性。

蒙脱石的晶格构造是由许多相互平行的单位晶胞组成的，其晶胞的上、下面都为硅氧四面体晶片，而中间夹着一片铝氧八面体晶片，属 2∶1 型矿物。蒙脱石晶格具有吸水膨胀的性能，使相邻晶胞间的连接力很弱，以致可分散成极细小的鳞片状颗粒，晶体形状常呈不规则的圆形。因蒙脱石矿物具有强烈的膨胀性，所以，当黏土中蒙脱石含量多时，其具有高度的亲水性。

水云母（伊利石）类矿物是含钾量高的原生矿物，经化学风化后的初期产物。其结晶格架的特点与蒙脱石极相似，每个晶胞也是由两片硅氧四面体晶片中间夹一片铝氧八面体晶片构成的，也属 2∶1 型矿物。水云母相邻晶胞由层间钾离子连接，它的连接力较高岭石层间连接力弱，但比蒙脱石层间的连接力强，所以，它形成的片状颗粒的大小，处于蒙脱石和高岭石之间。

上述三种主要黏土矿物中，高岭石由于相邻晶胞之间具有较强的氢键连接，结合牢固，因此，水分子不能自由渗入而形成较粗的黏粒，其比表面积小，亲水性弱，压缩性较低，抗剪强度较大；而蒙脱石相邻晶胞之间距离较大，连接较弱，水分子易渗入而形成较细的黏粒，因此，其比表面积较大，亲水性较强，膨胀性显著，压缩性高，抗剪强度低；水云母的工程地质性质则居于两者之间。

二、土的结构和构造

（一）土的结构

土粒或土粒集合体，以其不同的形态、大小、表面特征、相互排列形式及相互连接性质，组成土的基本单元，称为土的结构。由于土的工程地质性质差异与土的结构有很密切的关系，常将土的结构划分为单粒结构、蜂窝结构、絮状结构、非均粒结构。

1. 单粒结构

土在沉积过程中，较粗的颗粒分别受重力作用下沉，沉积中的每一个颗粒都与相邻的颗粒互相接触、互相支承，形成单粒结构或称为散粒结构。这种结构按其密实程度又可分为松散结构和紧密结构。如砾石、砂土和较粗的粉土，都属于这种单粒结构。

2. 蜂窝结构

较细的土粒在水中受重力作用下沉的速度较慢，由于其受土粒间分子引力的影响，一些相互邻近的细土粒连接形成小粒团下沉，堆积成具有很大孔隙的蜂窝状结构（又称为一级海绵结构）。土粒团间形成的蜂窝状孔隙远远大于土粒本身的尺寸。没有经过压密的蜂窝结构的土体，在外力作用（建筑物荷载）下，土中的孔隙会大大缩小，土体也会产生较大的沉陷。

3. 絮状结构

粒径小于 0.002mm 的土粒在水中可以长时间处于悬浮状态，本身所受重力不足以使其下沉。如果在悬液中加入某种电解质，可使土粒间的排斥力减弱，土粒互相靠近，凝聚成絮状物体而在水中下沉，形成絮状结构（又称为二级海绵结构）。

4. 非均粒结构

土在沉积过程中，如果粗粒、细粒混合着下沉，就会形成粒径大小相差悬殊的土结构，称为非均粒结构。例如，黏粒与砂粒或粉粒所形成的非均粒结构。

（二）土的构造

土的构造大体可分为以下种类：

1. 层状构造

层状构造也称为层理，其是大部分细粒土的土层最重要的外观特征之一。土层表现为由不同粗细程度与不同颜色的颗粒构成的薄层交叠而成，薄层的厚度可由零点几毫米至几毫米，成分上有细砂与黏土交互层，或黏土交互层等。层状构造使土在垂直层理方向与平行层理方向的性质不一。平行层理方向的压缩模量与渗透系数往往要大于垂直层理方向。

2. 分散构造

土层中各部分的土粒组合无明显差别，分布均匀，各部分的性质也相近。各种经过分选的砂、砾石、卵石形成较大的埋藏厚度，无明显层次，都属于分散构造。分散构造的土是比较接近理想的各向同性体。

3. 裂隙状构造

土体为许多不连续的小裂隙所分割，裂隙中往往充填盐类的沉淀，不少坚硬与硬塑状态的黏土具有此种构造。裂隙破坏了土的整体性。裂隙面是土中的软弱结构面，沿裂隙面的抗剪强度很低，而渗透性却很高，浸水以后裂隙张开，工程地质性质更差。

三、土的物理性质和水理性质

作为自然界中多相体系的土，它的性质千变万化。在工程实践中，具有意义的是其固相、液相和气相的比例关系，相互作用及在外力作用下所表现出来的一系列性质，即土的工程地质性质。

土的工程地质性质包括物理性质和力学性质。物理性质又包括土的基本物理性质和黏性土的可塑性、胀缩性、崩解性及土的透水性和毛细性；土的力学性质主要指土的变形和强度特性。

土的三相组成在质和量上的变化及相互作用，是影响土的工程地质性质的最本质因素。土的工程地质性质与工程建筑的稳定性和正常使用有着密切关系，其指标在工程计算和设计中常被直接运用。

（一）土的基本物理性质

土的基本物理性质主要是研究土的密实程度和干湿状况，其通常用三相的质量与体积的相互比例关系来表示。土的三相组成实际上是混合分布的，为了阐述方便，假想将它们分别集中起来，标以质量和体积代号。"土是一种特殊的工程材料，通过分析土的物理性质指标，就可以确定土的重要工程性质。"

1. 土的密度（相对体积质量）

土粒密度是指固体颗粒的质量与其体积之比，即土粒的单位体积质量。

土粒密度仅与组成土粒的矿物密度有关，而与土的孔隙大小和含水多少无关。实质上它是土中各种矿物密度的平均值，其值一般为 $2.65 \sim 2.80 \mathrm{g/cm^3}$。土粒密度是可在实验室内直接测定的实测指标，其可用来计算其他指标。土粒密度测定根据土的粒径不同，通常分别采用比重瓶法、浮称法和虹吸筒法。

2. 土的天然密度和重度

土的天然密度是指土的总质量与总体积之比，即天然状态下土的单位体积质量。土的重度是指土的总重量与总体积之比，即土的天然密度乘以重力加速度。

土的天然密度（重度）取决于土粒密度、孔隙体积的大小和孔隙中水的质量多少。它反映了土的三相组成的质量和体积的比例关系，其常见值为 $1.6 \sim 2.29 \mathrm{g/cm^3}$。土的天然密度是可在实验室直接测定的实测指标，其可用来计算其他指标。室内测定方法可采用环刀法、蜡封法；现场实测可采用注砂法等。

工程中还常用到干密度、浮密度和饱和密度，这些指标可通过计算求得，因此，称为导出指标（或计算指标）。

3. 土的含水性

土的含水性指土中含水的情况，说明土的干湿程度，其可用含水率表示，也可用饱和度表示。

天然状态下土的含水量称为土的天然含水率（也称为天然含水量），它说明土的孔隙中含水的绝对数量，为实测指标。可用来计算其他指标，也是工程设计直接应用的一个重要参数。饱和度说明孔隙中的充水程度，为计算指标，它是确定砂土承载力不可缺少的参数。

4. 土的孔隙性

土的孔隙性主要是指土中孔隙的大小、形状、数量、连通情况及总体积等。其中，土的孔隙大小、形状及连通情况，只能通过观测描述说明其特征。土的孔隙性主要取决于土的粒度成分和土粒排列的疏密程度。在工程上，常用孔隙率和孔隙比表示土中孔隙的体积数量。

5. 土的基本物理性质指标间的关系

土的各种基本物理性质指标反映了土的密实程度和干湿状态。土的密度和孔隙性指标表征了土的密实程度，其中天然密度还与土中水分有关；而土的干湿状态主要取决于水分的含量。由此可见，基本物理性质之间存在内在的联系，因而各指标之间可以互相换算。

（二）黏性土的稠度和可塑性

1. 土的稠度

由于黏性土含水量不同，故其物理性质和物理状态也都不相同。例如，含水很少的黏性土处于比较坚硬的固体状态；随着含水量的增大，土变得较软，外力作用可任意改变形状，使其处于可塑状态；当含水很多时，土变得软弱，不能维持一定形状，并会在重力作用下流动，即处于流动状态。

黏性土的这种因含水量变化而表现出来的各种不同物理状态，称为土的稠度。稠度表示黏性土的稀稠程度。稠度实质上反映了由于土的含水率变化，土粒相对活动的难易程度或土粒之间的连接程度。

2. 土的可塑性

黏性土由一种稠度状态转变为另一种状态的分界含水率，称为界限含水率。在工程实践中，黏性土的稠度状态以及相应的界限含水率中最有意义的是由固态转变为稠塑状态的塑限和由黏塑状态转变为黏流状态的液限。当黏性土的含水量在塑限和液限之间时，黏性土才具有可塑性。

可塑性是指土在外力作用下可以改变自身形状而又不破坏其整体性，外力解除后，不恢复原来形状，仍然保持变形后所形成的新形状的特性。

只有黏性土才具有可塑性，而且只有当黏性土的含水率介于液限和塑限之间时，才表现出可塑性。故可塑性的强弱可由这两个界限含水率的差值大小来反映，其差值越大，说明该黏性土处于塑态的含水率变化范围越大，保持水分的能力越强；反之，差值越小，可塑性越弱。

塑限和液限与黏性土的天然含水率无关，可取黏性土的扰动样采用室内试验来直接测定。对于一般黏性土（指不含有大量有机质或可溶盐的黏性土），其塑性指数的大小主要取决于其矿物成分和粒度成分。因此，塑性指数不仅可以说明可塑性的强弱，而且还和粒度成分有一定的对应关系，可作为黏性土的分类依据。液性指数与黏性土的天然含水量有关，不仅可以作为划分稠度状态的依据，还可以作为确定地基承载力的依据之一。

（三）黏性土的胀缩性和崩解性

1. 黏性土的胀缩性

黏性土由于含水率增加而发生体积增大的性能，称为膨胀性；含水率减小而引起体积缩小的性能，称为收缩性；两者统称为黏性土的胀缩性。黏性土的胀缩性对基坑、边坡、坑道壁及地基土的稳定性具有重要的意义。

土体常常因膨胀或收缩导致强度降低和地基变形，从而引起建筑物的破坏。黏性土的胀缩也可引起土坡滑移、道路翻浆、水库及渠道的渗漏等事故；但在工程上却可利用黏性土的膨胀性，将其作为填料及灌浆材料来处理裂隙。

膨胀产生的根本原因是黏土矿物颗粒表面结合水膜的增厚。由于水膜的增厚，减弱了颗粒之间的连接力，增加了颗粒之间的距离，从而引起土体膨胀；收缩产生的原因则刚好相反。表征黏性土胀缩性的指标有自由膨胀率、膨胀率、线缩率、收缩系数、膨胀力等。

2. 黏性土的崩解性

黏性土因浸水而发生崩散解体的特性，称为崩解性。崩解是由于土体没入水中后，水进入孔隙或裂隙中的情况不均衡，因而引起粒间结合水膜增厚的速度也不平衡，以致粒间斥力超过吸力的情况也不平衡，产生了应力集中，使土体沿着斥力超过吸力最大的面崩落下来。评价黏性土的崩解性，目前还没有定量指标，一般采用下列三个定性指标：

崩解时间：一定体积的土样完全崩解所需要的时间。

崩解特征：土样在崩解过程中的各种现象。

崩解速度：单位时间内土样因崩解所减少的质量与原土样质量之比。

黏性土的崩解性在评价路堑、运河、渠道边坡、路堤、露天基坑和坝址等的稳定性时，具有重要的意义。

（四）土的透水性和毛细性

1. 土的透水性

土的透水性是指土体孔隙通过水的能力，故又称为土的渗透性。自然界中各种不同的土具有不同的透水性能。例如，砾石土具有较大的透水性能，而黏土的透水性能则非常小。表示透水性大小的重要指标是土的渗透系数。

在计算涌水量、水库或渠道渗漏、地下水回水浸没等问题时，都需要了解土的透水性。

土具有透水性的原因在于土体本身具有相连通的孔隙，水只能沿这些相互连通的孔隙管路流动。在自然界中，土中地下水多以层流的形式在这些孔隙管路中流动，并服从达西定律。

2. 土的毛细性

土的毛细性是指水通过土的毛细孔隙时受毛细压力作用向各方向运动的性能。所谓毛细压力，可以通过毛细管试验来说明：将一个微管放入水中，可以看到水沿微管上升一定的高度形成一个水柱，支承这一水柱重力的作用力被称为毛细压力，这种现象称为毛细现象。

产生毛细现象的根本原因是物质分子间存在相互作用力。当把一个微管放入水中时，由于水与管壁的吸附力，使水沿管壁上升，但是水的内聚力作用总是企图使水面缩小至最小面积（水面为平面时面积最小），这种趋势使得弯液面总是企图向水平发展。当弯液面的中心部分上升到一点时，水与管壁的吸附力又将弯液面的边缘牵引了上去，这样的争斗直至毛细管水上升所形成水柱的重量与吸附力相平衡才停止。此时，毛细水面与微管外部水面的高差即为毛细上升高度。毛细水在微管中上升的速度在毛细水上升过程中是不均匀的，一般先快后慢，越接近最大毛细上升高度时越慢，至最大毛细上升高度时，上升速度为零。

在工程实践中，土中的毛细现象经常能够看到，因毛细水的上升，可能引起一些不良后果。例如，由于毛细水的上升将水中盐分带到地表，会造成土地的沼泽化和盐渍化；建筑物地基受毛细水浸湿后，其稳定性降低；毛细水的上升将引起地基或路面的冻胀性增大等。因此，必须对土的毛细性加以研究。

评价土的毛细性的指标有毛细上升高度和毛细上升速度。该两指标既可以采用理论公式计算，也可以通过室内或现场试验测定。但由于土体的成分结构及土中水的成分均较复杂多变，采用理论公式计算的数值往往和实测值有较大的偏差，故常以实测值为准。土的毛细性受到土的粒度成分、矿物成分、水溶液的化学成分和浓度以及土的结构的影响。另外，还受气温、蒸发状况的影响。

砂土的毛细性服从孔隙越细，毛细上升高度越高的规律；黏性土则不服从此规律，因为黏性土虽然细小，但为结合水所充满，结合水膜增厚，毛细上升高度反而降低。

四、土的力学性质

（一）土的压缩性

土在压力作用下体积变小的性质，称为土的压缩性。研究土的压缩性的目的在于计算地基的变形值，并控制其在容许范围内而不至于影响建筑物的正常使用，甚至破坏。

1. 土压缩变形的特点

由于土是松散的多相体系，因而，土的压缩性比岩石、钢材、混凝土等其他材料要大得多，并且具有下列特点：

（1）土体的压缩变形主要是由于土中水和气体被挤出，造成孔隙体积的减小而引起的。

（2）土的压缩变形需要一定时间才能完成。对于由土粒和水组成的饱和土，土的压缩变形主要是由于孔隙水被挤出而引起的，压缩过程也就相当于排水过程。

2. 压缩试验与压密定律

室内压缩试验常采用压缩仪（或固结仪）来进行。试验时用环刀切取原状土样，连同环刀将土样放入压缩仪中，通过加荷装置和加压板逐级加压。在每级压力下，待土样压缩相对稳定后，再施加下一级压力。土样压缩变形量可通过测微表观测。由于土样在压缩过程中受环刀及护环等刚性护壁的限制，只能发生竖向压缩，不能发生侧向膨胀，所以该试验又叫侧限压缩试验。

3. 土的前期固结压力

在压缩试验时，如果逐级加到某级荷载后再逐级卸荷，可以得到卸荷过程中各级压力和对应的土样孔隙比的数据，由此可得到卸荷（膨胀）曲线。这两条曲线并不重合，说明卸荷后，土的变形虽有部分恢复，但并不能全部恢复。土不是理想的弹性体，在压力作用下同时发生弹性变形和残余变形。土的弹性变形是指土在压力除去后，可以恢复的那部分变形，例如，土粒的弹性变形、结合水膜的变形和封闭气体的压缩等。土的残余变形是指土在压力除去后，不能恢复的那部分变形，例如，由于土粒的相互位移，孔隙水和气体被从孔隙中挤出所引起的变形等。

一般来说，土的残余变形要比弹性变形大得多。经过一次加荷、卸荷过程的土，它的密实度将有较大的提高。如果多次重复加、卸荷，最后在所加压力段范围内，土的压缩曲线与膨胀曲线将趋于重合，而且趋于平缓。这样，将使土的压缩性降低且使其具有弹性变形的性质。自然界中天然沉积的土，在漫长的地质历史年代中，多次经受了沉积、冲刷、侵蚀，又重新沉积等自然地质作用，实际上相当于经受了多次加荷、卸荷的压密作用。为了考虑受荷历史对地基土压缩变形的影响，需要知道土的前期固结压力。前期固结压力（Pc）是指该土层在地质历史上曾经承受过的上覆土层最大自重压力或其他作用力，并在该力作用下已固结稳定的最大压力。

（二）土的抗剪性

土体的破坏，如路基边坡丧失稳定、挡土墙的倾覆与滑动、建筑物失去稳定等，其根本原因是土体的强度不足，而引起的一部分土体相对于另一部分土体的滑动，即发生了剪切破坏。土体抵抗剪切破坏的极限能力称为土的抗剪强度。大量试验研究也表明，由于土体的破坏主要是剪切破坏，故研究土的强度特性主要是研究其抗剪强度特性，简称抗剪性。不同类型和状态的土具有不同的抗剪性。无黏性土一般无连接，其抗剪程度主要是由颗粒间的摩擦力和咬合力组成，其抗剪强度的大小主要取决于粒度、颗粒形状、密实度和含水情况。

（三）土的击实性

土的击实性是指在冲击荷载的反复作用下，土的体积减小、密实度提高的性质。在工程实践中，经常遇到填土压实的问题，例如，修筑道路、堤坝、飞机场、运动场、挡土墙、埋设管道、建筑物地基的换填土等。未经压实的填土，其孔隙、空洞较多，强度较低，压缩量极大且不均匀，遇水很不稳定，常给各类建筑物（或构筑物）带来很多问题。为解决此类问题，需要采用重锤夯实、机械碾压或振动等方法以增大土的密实度，从而使土的压缩性、透水性降低，强度得以提高。

工程上，在铺填土料时要求做尽量少的夯实、碾压和振动工作，并获得最大的密实度。因此，就必须研究土的击实性。土的压密程度一般用干密度表示，它与土的含水量和击实功关系密切。

研究击实性的目的是了解击实作用下土的干密度、含水量和击实功三者之间的关系和基本规律，从而选定适合工程需要的填土的干密度及与之相宜的含水量，以及为达到相应击实标准所需的最小击实功。为研究土的击实性，常做击实试验。即试验时把某一含水量的土料填入击实筒内，用击锤按规定落距对土锤击一定的次数，则击实功等于击锤重、落距和锤击次数三者的乘积，测定土样的含水量和干密度。若采用一定的击实功，对同一种土用多个不同含水量的土样做试验，则可得到对应于不同含水量的干密度值。根据这些数据，绘出含水量与干密度的关系曲线，此曲线称为击实曲线。

第二节　岩石的工程性质

一、岩石的主要物理性质

（一）岩石的密度

岩石的密度是指岩石单位体积的质量，除与岩石的矿物成分及其相对含量有关外，其还与岩石的孔隙、裂隙发育程度和含水情况密切相关。致密的岩石，其密度与颗粒密度相近，随着孔隙、裂隙的增加，岩石的密度相应减小。因此，测定出岩石的密度可以判断岩石孔隙发育程度，以间接评价同类岩石的致密程度和坚固性。岩石的密度指标有颗粒密度（数值上等于比重）和岩石密度，其基本概念与土相同。它是选择建筑材料、研究岩石风化、评价边坡稳定和确定围岩压力等必需的计算指标。岩石的颗粒密度是指岩石的固相质量与固相体积之比，其主要取决于组成岩石的矿物的密度及其在岩石中的相对含量，与岩石孔隙、裂隙发育程度和含水情况无关，其值可由比重法测定。一般岩石的颗粒密度为 2.65g/cm^3，大的可达 $3.1 \sim 3.4 \text{g/cm}^3$。

岩石的密度可分为天然密度、干密度和饱和密度，分别指天然含水、绝对干燥和饱和水状态下岩石单位体积的质量。因大多数岩石的孔隙率不大，三者相差甚小，在未加说明含水状态时即指干密度。

测定岩石密度的方法有尺量法（规则试样）、液量法（不规则试样）、蜡封法（易碎试样）三种，其原理与测定土的密度一样。

（二）岩石的孔隙性

岩石的孔隙性是指岩石具有孔隙和裂隙的特性，用孔隙率表示。由于岩石和土的颗粒连接方式不同，岩石中的孔隙、裂隙情况要比土复杂得多，除相互连通之外，还有互不连通且与大气隔绝的封闭孔隙。与大气相通的孔隙，称为开口孔隙，且有大小之分。各类孔隙对岩石工程地质性质有着不同的影响，应对其予以区分。

岩石孔隙率是指岩石孔隙体积（V_v）与岩石总体积（V）之比，以百分数表示。可用岩石的颗粒密度（ρ_s）和干密度（ρ_d）求算，公式如下：

$$n = \frac{V_v}{V} \times 100\% = \left(1 - \frac{\rho_d}{\rho_s}\right) \times 100\% \qquad (1-1)$$

岩石的孔隙率变化很大，可从小于1%直至10%。新鲜结晶岩类的孔隙率很低，很少大于3%；沉积岩孔隙率稍高，一般小于10%，但部分胶结差的砾岩，孔隙率高达10%～20%；风化程度加剧，其孔隙率也相应增加。

二、岩石的水理性质指标

（一）岩石的吸水性

岩石的吸水性是指岩石吸收水分的性能。岩石的吸水性取决于本身所含孔隙、裂隙的数量、大小、开闭程度和分布情况。表征岩石吸水性的指标有吸水率和饱水率。

（二）岩石的透水性

岩石的透水性是指岩石被水透过的性能。岩石的透水性可用渗透系数表示。它的大小主要取决于岩石中孔隙的大小、数量、方向性及连通情况。

（三）岩石的溶解性

岩石的溶解性是指岩石溶解于水的性质，其常用溶解度或溶解速度来表示。岩石的溶解性主要取决于岩石的化学成分，但和水的性质也有密切的关系，如富含 CO_2 的水具有较大的溶解能力。常见的可溶性岩石有石灰岩、白云岩、石膏、岩盐等。

（四）岩石的软化性

岩石的软化性是指岩石在水的作用下，强度和稳定性降低的性质。岩石的软化性常以软化系数来表示。软化系数为岩石饱水状态的抗压强度与岩石干燥状态的抗压强度之比，用小数表示。

软化系数越小，岩石的软化性越强。一般岩石的饱和抗压强度都低于正常含水量时的抗压强度，也就是说，岩石都不同程度地具有软化性。岩石软化性的强弱主要与岩石的矿物成分、结构、构造等特征有关。岩石中黏土矿物的含量越高、孔隙率越大、吸水率越高，则遇水后越容易被软化，岩石浸水后的强度和稳定性损失越大，其软化系数越小。

（五）岩石的抗冻性

岩石的抗冻性是指岩石抵抗冰冻作用的能力。由于岩石中存在孔隙和裂隙，受高寒冰冻作用，其中的水结冰后，体积将膨胀，产生较大的应力，使岩石的强度和稳定性被破坏。因此，抗冻性是评价高寒冰冻地区岩石工程地质性质的一个重要指标。

岩石的抗冻性有不同的表示方法，一般用岩石在抗冻试验前后抗压强度的降低率表示。抗压强度降低率小于25%的岩石，被认为是抗冻的；大于25%的岩石，被认为是非抗冻的。

岩石的抗冻性与岩石的饱水系数、软化系数和气候条件有关。一般饱水系数、软化系数越小，岩石的抗冻性越强。温度变化剧烈，岩石反复冻融，其抗冻能力则会降低。

三、岩石的主要力学性质

岩石的力学性质是指岩石抵抗外力作用的性能。由于岩石是由矿物颗粒或岩屑及肉眼难以觉察的微裂隙共同构成，因此，岩石是非均质、各向异性的固体材料。又由于岩石的结构、构造极为复杂，故即使是同一类岩石，在不同的环境条件下所表现出来的力学性质也有较大的差异。岩石在外力作用下，首先发生变形，当外力增加到某一数值时，岩石便开始破坏。因此，岩石的力学特征包括岩石的变形特征和破坏特征。

（一）岩石的变形

1. 岩石在单向加载条件下的变形

岩石的变形规律可用应力-应变曲线来表示。岩石在不同的受力状态下具有不同的应力-应变关系，如单向受压状态下应力-应变关系、三向受压状态下应力-应变关系和流变曲线等，其中最能代表岩石工程性质特点的是岩石在单向压力作用下的应力-应变曲线。

（1）压密阶段：在给岩石施加外力的开始阶段，岩石内的微裂隙在外力的作用下被压密，岩石体积缩小。

（2）弹性变形阶段：该阶段岩石的应力-应变曲线近似为上升的直线，岩石呈线弹性变形，试件的轴向被压缩，横向应变有所增大，但体积仍在缩小。

（3）屈服破坏阶段：该阶段岩石的应力–应变曲线一般呈上凸形。即随着轴向压力的增加，岩石内原有的微裂隙开始扩展，试件开始发生破裂，体积由缩小转为增大（膨胀），即发生"扩容"。同扩容起始点所对应的应力称为岩石的临界应力，它是断定岩石是否发生破坏的一个重要依据。

（4）加速破坏阶段：该阶段岩石的应力–应变曲线呈平缓的上凸形。即随着试件轴向压力的进一步增加，岩石中的裂隙加速扩展，并显示出宏观破坏的迹象，体积膨胀加剧，岩石的承载能力达到极限。

（5）全面破坏阶段：试件的轴向压力达到岩石的强度极限后，岩石中的破裂逐渐发展为贯通的破裂面，岩石受到全面破坏，其承载能力逐渐降低，岩石内的应力随应变的增大而下降。岩石的应力–应变曲线由平缓的上凸形逐渐过渡为平缓的上凹形，再过渡为陡降的上凹形，最终演变为平缓的或下降的直线。

岩石的变形和破坏过程与一般的固体材料有显著的区别：一般固体材料的变形有一个明显的"屈服点"，在屈服点以前表现为弹性变形，在屈服点以后才出现塑性变形；而岩石却在产生弹性变形的初期，甚至在开始出现弹性变形的同时便出现塑性变形，即在外力作用的一开始便同时具有弹性和塑性。其原因一方面是岩石是由多种矿物组成的，且矿物之间还具有胶结物成分，不同矿物具有不同的弹性限度，因而，岩石在荷载的作用下，当一部分矿物还处在弹性限度以内，处于弹性变形时，而另一部分矿物所承受的荷载已超出了其弹性限度，发生了塑性变形。另一方面，岩石中还包含有孔隙和裂隙，孔隙和裂隙压密也是岩石的初始塑性变形的主要来源之一。由于岩石内孔隙的压密或裂隙的产生、扩展与移动等产生的塑性变形卸载后不能完全恢复，因而，岩石抗压试验的卸载曲线不能回到加载的起始点，也不会与加载曲线重合。

2. 岩石在三向压力作用下的变形

岩石在三向受力状态下的应力–应变关系与单向受力状态下的应力–应变关系有很大的区别。最典型的特征可以用大理岩在三向压缩条件下的应力–应变曲线来表示。

3. 岩石的蠕变

岩石在恒定应力或恒定应力差的作用下，变形随时间而增长的现象称为蠕变。岩石的蠕变特性可以通过在岩石试件上加一恒定荷载，观测其变形随时间的发展状况，即蠕变试验来研究。大量的蠕变试验结果表明，岩石的蠕变可分为稳定蠕变与不稳定蠕变两类。

稳定蠕变是指当作用在岩石上的恒定载荷较小时，初始阶段的蠕变速度较快，但随着时间的延长，岩石的变形趋近一稳定的极限值而不再增长的蠕变。不稳定蠕变是指当载荷超过某一临界值时，蠕变的发展将导致岩石的变形不断增长，直到破坏的蠕变。大量的蠕变试验结果表明，不稳定蠕变的发展过程分为以下三个阶段：

（1）过渡蠕变阶段：在加载的瞬间有一个弹性变形，继而变形以较快的速度增长，随后蠕变速度逐渐降低，并过渡到等速蠕变阶段。

（2）等速蠕变阶段：变形速度保持恒定。

（3）加速蠕变阶段：变形速度急剧加快，此时岩石内裂隙迅速发展，促使变形加剧直至破坏。

岩石蠕变发展的阶段性为监测和预报围岩破坏现象提供了一个可靠的判据。如果发现某部分岩体的位移速度开始由等速转入加速发展时，则表明岩的外体将要发生破坏，应立即采取安全措施保证施工或生产的安全。因此，在处理岩石问题时要特别注重时间性，尽可能加快工程进度。

（二）岩石的强度

岩石的强度是指岩石试样抵抗外力时保持自身不被破坏所能承受的极限应力。它是用来表示岩石抗破坏能力大小的重要参数。根据岩石试样所抵抗外力种类的不同，岩石的强度可分为抗压强度、抗拉强度、抗剪强度等。

1. 岩石的抗压强度

岩石的抗压强度是指岩石的单向抗压强度，其定义为岩石试样抵抗单轴压力时保持自身不被破坏所能承受的极限应力。可以通过将岩石试件置于压力机上进行轴向加载，直至试件破坏来测定。

2. 岩石的抗拉强度

岩石的抗拉强度是指岩石试件抵抗增大的单轴拉伸时保持自身不被破坏的极限应力值。

3. 岩石的抗剪强度

岩石的抗剪强度有抗剪断强度、抗切强度及弱面抗剪强度（包括摩擦试验）三种。

4. 岩石的三轴抗压强度

工程岩体通常都是处于双向或三向应力状态下，单向应力状态比较少见。

5. 岩石强度特征

同一种岩石，由于受力状态不同，强度值相差悬殊。另外，岩石在荷载长期作用下的抗破坏能力，要比短时间加载下的抗破坏能力小。对于坚固岩石，前者为后者的 70% ~

80%；对于软质与中等坚固岩石，长时强度为短时强度的40%~60%。

(三) 岩石的破坏机理

1. 最大正应力强度理论

最大正应力强度理论也称为朗肯理论，其是最早提出而现在有时仍然采用的一种强度理论。这种强度理论认为材料破坏取决于绝对值最大的正应力。因此，对于作用于岩石的三个主应力，只要有一个主应力达到岩石的单轴抗压强度或单轴抗拉强度时，岩石便被破坏。

2. 最大剪应力强度理论

最大剪应力强度理论也称为屈瑞斯卡破坏条件或屈服条件，其是研究塑性材料破坏而获得的强度理论。当材料屈服时，试件表面便出现大致与轴线呈45°夹角的斜破裂面。由于最大剪应力正是出现在与试件轴线呈45°夹角的斜面上，所以，这些斜破裂面即为材料沿着该斜面发生剪切滑移的结果，而这种剪切滑移又是材料塑性变形的根本原因。据此，提出最大剪应力强度理论，该理论认为材料破坏取决于最大剪应力。所以，当岩石承受的最大剪应力达到其剪应力时，岩石便被剪切破坏。

3. 最大剪应变能强度理论

剪应变能强度理论是从能量角度出发研究材料强度条件。这种强度理论认为，当剪应变能达到一定值时，便引起材料屈服或破坏。具体来说，在三向应力状态下，当材料单位体积形变能（剪应变能）与其单轴压缩或单轴拉伸破坏的形变能相等时，材料便发生屈服。因此，应首先获得材料在三向应力状态下的形变能，再求出材料单向受力至破坏时的形变能，然后将这两种形变能联系起来，便可以建立剪应变能强度条件或破坏准则。

4. 最大拉应力强度理论

岩石无论是受压、弯曲、扭转，还是在受拉作用的条件下，其最终的破坏形式均表现为拉断破坏。拉断破坏可直接由拉伸作用引起，也可由等承载状态衍生的拉伸作用引起。此种破坏的特点是：破坏时沿断裂面发生拉开运动，出现张开的裂缝，因此，其又称为张性破坏。关于这种破坏形式的发生和发展（破坏机理），有两种推理及解释意见。一种解释意见认为，岩石的拉断破坏是由于受力后的拉伸变形达到某种极限值（最大线应变）而导致断裂，这就是经典的第二强度理论；另一种解释认为岩石的拉断破坏是由于受外力作用后，使内部原本存在着许多微细裂缝或孔隙出现局部拉应力集中，拉应力达到抗拉极限值便会导致微裂隙扩展，从而导致试块破坏，这就是格里菲斯强度理论。正是由于上述多种多样的解释，使岩石力学性质的评价变得非常复杂，实际工程中往往采用试验实测强度指标来描述。

四、岩石工程性质的影响因素

（一）矿物成分

岩石是由矿物组成的，岩石的矿物成分对岩石的物理力学性质产生直接的影响，如辉长岩的比重较花岗岩更大，这是因为辉长岩的主要矿物成分辉石和角闪石的比重比石英和正长石大；又如石英岩的抗压强度比大理岩要高得多，这是因为石英的强度比方解石高。这说明岩类相同，结构和构造也相同，如果矿物成分不同，岩石的物理力学性质会有明显的差别。但也不能简单地认为，含有高强度矿物的岩石，其强度一定就高。因为当岩石受力作用后，内部应力是通过矿物颗粒的直接接触来传递的，如果强度较高的矿物在岩石中互不接触，则应力的传递必然会受到中间低强度矿物的影响，岩石不一定就能显示出高的强度。因此，只有在矿物分布均匀、高强度矿物在岩石的结构中形成牢固的骨架时，才能起到增高岩石强度的作用。

在对岩石的工程性质进行分析和评价时，更应注意那些可能降低岩石强度的因素。如花岗岩中的黑云母含量是否过高，石灰岩、砂岩中黏土类矿物的含量是否过高等。因为黑云母是硅酸盐类矿物中硬度低、解理最发育的矿物之一，其容易遭受风化而剥落，也易于发生次生变化，而成为强度较低的铁的氧化物和黏土类矿物。石灰岩和砂岩的黏土矿物含量大于20%时，就会直接降低岩石的强度和稳定性。

（二）岩石结构

岩石的结构特征是影响岩石物理力学性质的一个重要因素。根据岩石的结构特征，可将岩石分为两类：一类是结晶连接的岩石，如大部分的岩浆岩、变质岩和一部分沉积岩；另一类是由胶结物连接的岩石，如沉积岩中的碎屑岩等。

结晶连接是由岩浆或溶液中结晶或重结晶形成的。矿物的结晶颗粒靠直接接触产生的力牢固地固结在一起，结合力强，孔隙度小，结构致密，密度大，吸水率变化范围小，比胶结的岩石具有较高的强度和稳定性。但是，结晶颗粒的大小对岩石的强度有明显的影响。

胶结连接是矿物碎屑由胶结物连接在一起的。胶结连接的岩石，其强度和稳定性主要取决于胶结物的成分和胶结形式，同时，也受碎屑成分的影响，变化很大。一般硅质胶结的强度和稳定性高，泥质胶结的强度和稳定性低，钙质和铁质胶结的介于两者之间。

（三）岩石的构造

构造对岩石物理力学性质的影响主要是由矿物成分在岩石中分布的不均匀性和岩石结构的不连续性所决定的，如岩石所具有的片状构造、板状构造、千枚状构造、片麻构造以及流纹构造等。岩石的这些构造致使矿物成分在岩石中的分布极不均匀。一些强度低、易风化的矿物，一般沿一定方向富集，或呈条带状分布，或者成为局部的聚集体，从而使岩石的物理力学性质在局部发生很大的变化。不同的矿物成分虽然在岩石中的分布是均匀的，但由于存在着层理、裂隙和各种成因的孔隙，致使岩石结构的连续性与整体性受到一定程度的影响，从而使岩石的强度和透水性在不同的方向上发生明显的差异。一般情况下，垂直层面的抗压强度大于平行层面的抗压强度；平行层面的透水性大于垂直层面的透水性，其会降低岩石的强度和稳定性。

（四）地下水

岩石被水饱和后会使其强度降低。当岩石受到水的作用时，水就沿着岩石中可见和不可见的孔隙、裂隙侵入，侵蚀岩石全部自由表面上的矿物颗粒，并继续沿着矿物颗粒间的接触面向深部侵入，削弱矿物颗粒之间的连接，使岩石的强度受到影响。如石灰岩和砂岩被水饱和后，其极限抗压强度会降低 25%~45%；像花岗岩、闪长岩及石英岩等一类的岩石，被水饱和后，其强度也均有一定程度的降低。降低程度在很大程度上取决于岩石的孔隙度。当其他条件相同时，孔隙度大的岩石，被水饱和后其强度降低的幅度也大。

与上述的三种影响因素相比较，水对岩石强度的影响，在一定程度内是可逆的，当岩石干燥后其强度仍然可以得到恢复。但是如果发生干湿循环，化学溶解可能使岩石的结构状态发生改变，则岩石强度的降低，即为不可逆的过程。

（五）风化作用

风化是在温度、水、气体及生物等综合因素影响下，改变岩石状态、性质的物理化学过程。它是自然界最普遍的一种地质现象。风化作用促使岩石的原有裂隙进一步扩大，并产生新的风化裂隙，使岩石矿物颗粒间的连接松散，并使矿物颗粒沿解理面崩解。风化作用的这种物理过程能促使岩石的结构、构造和整体性遭到破坏，使其孔隙度增大、重度减小、吸水性和透水性显著增高、强度和稳定性大为降低。随着化学过程的加强，会引起岩石中的某些矿物发生次生变化，从而改变了岩石原有的工程特性。

第三节　岩土工程勘察的基本原理

一、岩土工程勘察的基本任务

岩土工程勘察就是综合使用各种勘察手段和技术方法，查明工程场地的地质条件，分析工程场地可能出现的岩土工程问题，对场地地基的稳定性和适宜性做出评价，为拟建工程的规划、设计、施工和正常使用提供可靠的地质依据。其目的是为场地选择和工程的设计、施工提供所需的地质资料，从地质方面保证建筑物的安全稳定、经济合理和正常使用。"岩土工程勘察宗旨是解决和处理工程建设中与岩土介质相关的问题，是工程建设中十分重要的环节。"

岩土工程勘察的基本任务是按照不同勘察阶段的要求，为工程的设计、施工以及岩土体治理等提供地质资料和必要的技术参数，预测可能出现的岩土工程问题并做出论证和评价，其具体任务归纳包括：①查明建筑场地的地质条件，提供设计施工所需的地质图件和说明，对场地稳定性做出评价，并指出场地内不良地质现象的发育情况及其对工程建设的影响；②查明工程场地范围内岩土体的分布、性状及地下水活动情况，为设计、施工和问题整治提供所需的地质资料和岩土体工程性状参数；③预测岩土工程施工过程中可能出现的各种岩土工程问题，并提出相应的防治措施和合理的施工方法；④根据具体工程地质条件和拟建建筑物特征，提出工程设计方案和施工措施等方面的建议；⑤预测工程施工和运行过程中对场地环境可能产生的影响，以及场地及邻近地区自然环境的变化对建筑场地可能造成的影响，并提出保护措施的建议；⑥对重要或复杂岩土工程的施工和运行进行监测。

二、岩土工程勘察的基本程序

"进行岩土工程勘察工作，就是对项目场地的地下以及地上的地质环境进行全面的调查，分析可能存在的地质问题，对场地进行地质条件的全面的评价，它也是进行工程设计的基本条件。"岩土工程勘察要根据有关政府部门的批文，按勘察合同所定的拟建工程场地进行。岩土工程勘察要分阶段进行，其基本程序如下：

（一）前期准备工作

调查、收集工程资料、进行现场踏勘或工程地质测绘，初步了解场地的工程地质条件、不良地质现象及其他主要问题。

（二）编制勘察纲要

编制勘察纲要时要针对工程的特点，根据合同任务要求，结合场地的地质条件，分析预估工程场地的复杂程度，按勘察阶段要求布置勘察工作量，并选择有效的勘探测试手段，积极采用新技术和综合测试方法。明确工程中可能出现的具体岩土工程问题以及所需提供的各种岩土技术参数。

（三）现场勘察和室内试验

勘探工作是根据工程性质和勘测方法综合确定的。常用勘探方法有钻探、井探、槽探和物探等。勘探工作结束后，还需要对勘探井孔进行回填，以免影响工程场地地基的性质。

勘察的目的是鉴别场地中岩、土性质和划分地层。岩土参数可以通过岩土的室内或现场测试测得，测试项目通常按岩土特性及工程性质确定。目前在现场直接测试岩石力学参数的方法有很多，有现场载荷试验、标准贯入试验、静或动力触探试验、十字板剪切试验、旁压试验、现场剪切试验、波速试验、岩体原位应力测试等，统称为原位测试。原位测试可以直观地提供地基承载力和岩土体变形参数，也可以为工程监测与控制提供参数依据。

（四）整理资料并编写报告书

勘察报告书是对勘察过程和成果的总结。依据调查、勘探、测试等原始资料编写报告书，编写内容要有重点，要包括勘察项目的目的与要求，拟建工程概况，所使用勘察方法和具体勘察工作布置，对场地工程条件的评价等。

（五）施工和运营期的监测

在重要岩土工程的施工过程中，需要进行监测和监理，检查施工质量，使其符合设计要求，或根据现场实际情况的变化，对设计提出修改意见。

在岩土工程运营使用期限内对其进行长期观测，用工程实践检验岩土工程勘察的质量，积累地区性经验，提高岩土工程勘察水平。

可见，岩土工程勘察不仅需要在设计、施工前进行，而且需要在施工过程中甚至在工程竣工后进行长期观测，把勘察、设计、施工截然分开的想法是有缺陷的。

三、岩土工程勘察的等级划分

不同建筑场地的地质条件不同，不同建筑物对工程地质条件的要求不同，因此，岩土工程勘察所采用的方法和勘察工作量的大小也不同。岩土工程勘察等级的划分对确定勘察工作内容、选择勘察方法及确定勘察工作量具有重要的指导意义。按《岩土工程勘察规范》规定，岩土工程勘察等级应根据工程重要性等级和地基复杂程度等级两项综合确定。

（一）工程重要性等级

根据工程的规模和特征，以及由于岩土工程问题造成工程破坏或影响正常使用的后果，可分为三个工程重要性等级，见表1-3。

表1-3 工程重要性等级

重要性等级	工程的规模和特征	破坏后果
一级工程	重要工程	很严重
二级工程	一般工程	严重
三级工程	次要工程	不严重

（二）地基复杂程度等级

根据地基的复杂程度，可按以下条件分为三个等级：

第一，符合这些条件之一者为一级地基（复杂地基）：①岩土种类多，很不均匀，性质变化大，须进行特殊处理；②严重湿陷、膨胀、盐渍、污染的特殊性岩土以及其他情况复杂，须做专门处理的岩土。

第二，符合这些条件之一者为二级地基（中等复杂地基）：①岩土种类较多，不均匀，性质变化较大；②除①中所述以外的特殊性岩土。

第三，符合这些条件者为三级地基（简单地基）：①岩土种类单一，均匀，性质变化不大；②无特殊性岩土。

注：从一级开始，向二级、三级推定，以最先满足的为准。

（三）岩土工程勘察等级

根据上述三个因素，可以按以下条件划分岩土工程勘察等级：

甲级：在工程重要性、场地复杂程度和地基复杂程度等级中，至少有一项为一级的项目。

乙级：除甲级和丙级以外的勘察项目。

丙级：工程重要性、场地复杂程度和地基复杂程度等级均为三级。

四、岩土工程勘察的主要工作

（一） 编写勘察纲要

勘察纲要是对勘察工作的设计，在开展勘察工作中起指导性作用。勘察单位根据设计单位和建设单位提出的《勘察任务书》，收集工程场地附近的已有地质、水文、气象、地震等资料，由勘察工作工程负责人负责编写勘察纲要，并经审核批准后，进行勘察工作。

一般勘察纲要主要内容包括：①工程概况；②勘察的目的和任务及所划分的勘察阶段；③勘察场地自然条件及其地质概况的简要说明（包括收集的地震资料、水文气象及当地的建筑经验等）；④勘察工作的布置和采用的勘察方法，包括尚须收集的资料文献、工程地质测绘、现场勘探与测试、室内试验以及对各项工作的要求；⑤资料整理及报告书编写的内容要求；⑥预估勘察过程中可能遇到的问题及解决问题的方法和措施；⑦附件，包括勘察工作进度计划表、勘探试验点布置图及工程地质勘查技术要求表等。

（二） 工程地质测绘与调查

工程地质测绘和调查是岩土工程勘察的基础工作，最先进行。在一般勘察中，主要是在可行性研究阶段及初步勘察阶段进行。但有时为了对某些工程地质问题做补充调查，也在详细勘察阶段进行工程地质测绘。

工程地质测绘是运用地质学理论，对与工程建设有关的各种地质作用进行详细的观察和描述，初步查明拟建场地的工程地质条件，并将各要素按照精度要求，采用不同的颜色和符号标绘在一定比例尺的地形图上，并结合其他勘察工作的资料，编制成工程地质图，作为勘察工作的重要成果提供给规划、设计和施工部门使用。

工程地质测绘的目的是查明场地及其附近地段的工程地质条件和预测建筑物与地质环境的相互作用。因此，工程地质测绘的主要内容是场地地形地貌、地层岩性、地质构造与地应力、水文地质条件、不良地质作用和附近已有建筑物情况。

测绘的基本方法包括三种。①路线穿越法。它是沿着与地层的走向、构造线方向及地貌单元相垂直的方向，穿越测绘场地，详细观察沿线的地质情况，并将观察到的地质情况标示在地形图上。②界线追索法。它是沿着地层走向、地质构造线或不良地质作用的边界线进行布点追索，其目的是查明局部的岩土工程问题。它属于一种辅助测绘方法。③布点法。布点法是在上述两种方法的基础上，对具有特殊意义的研究内容布置一定数量的观察点，逐步观察。

上述三种方法都须设立观察点，因此，观察点的位置非常重要，通常将观察点定在不同岩层的接触处、不同地貌单元的分界处、地质构造或物理地质现象地段，以及对工程有重要意义的地方。

（三）勘探工作

工程地质测绘只能查明地表上的现象，对于地下的地质情况则须靠勘探来解决，勘探点的布置需要在测绘的基础上确定。通过勘探可揭示地下岩土体（包括与其密切相关的地下水）的空间分布和变化。勘探工作的主要任务是准确查明与建筑物相互作用的地层范围内的工程地质条件，包括地质结构、地貌特征及不良地质作用、水文地质条件。其次，勘探工作还可以为测定岩石的物理、力学性质及地下水的情况做准备。勘探包括钻探、触探、物探和掘探（探井或探槽）等。

物探是根据各种岩土具有不同的物理性能，对岩土层进行研究，以解决某些地质问题的一种勘探方法，同时，也是一种测试手段。例如，电法勘探是以不同岩土具有不同的电学性质为基础的一种勘探方法；地震勘探则是利用振动方法使地基土产生振动，根据土的振动原理来勘探地基土的物理力学性质。国内目前使用的其他物探方法尚有磁法勘探、孔内无线电波透射法和超声波波速法等。我国用物探方法在解决下述工程地质问题方面已取得了较好的效果：查明地层界线及其在水平和垂直方向的分布和变化；查明基岩的埋藏深度和风化层的厚度；探查岩溶、断裂破碎带的分布和发展规律；测定地基土的动力特性；查明地下水的水位、流速和流向等。

物探是根据被测定的地质介质的物理性质（导电率、密度、弹性波传播速度等），以及岩层的物理状态（含水量、裂隙性、破碎程度等），从而划分地层、判定地质结构、地下水状况等，特别是可以用来测定岩土体的力学指标，它是一种间接方法。它的优点是经济、快速，能够及时解决测绘工作难以推断的问题，所以在工程测绘时常要求适当配合使用物探，特别是在追踪断层、了解覆盖层的厚度和基岩面的起伏变化等方面的效果尤为显著。但是物探的成果比较粗略，当岩土体物理性质相近时，其灵敏性就较差，有时会出现多解性。所以物探应以测绘为指导，并且用钻探加以验证。物探成果对于勘探的布置具有参考意义。

钻探是工程地质勘探中最常用、最有效的一种勘探手段。它可以直接了解地下地质情况。其优点是能够取得比较准确的资料，可以取样进行室内试验，也可以在钻孔中做原位测试，其工作条件不受地形、地质和气候的限制。但它用时较长、耗费人力物力较多，有的地层钻进或取样困难。因此，要避免盲目性和随意性，在测绘的基础上和物探工作指导下进行。

触探可分为静力触探和动力触探，是指用静力或动力将标准探头贯入土层中，通过贯入阻力的大小或者贯入难易程度，间接了解土层物理性质的方法。它既是一种勘探方法，也是一种测试手段，它还可以确定天然地基和桩基的承载力。在探查地层剖面方面触探获得广泛应用。

掘探（探井或探槽）的探井根据开口形状可分为圆形、方形、椭圆形和长方形，其截面尺寸有 1m×1m、1m×1.2m 和 1.5m×1.5m 三种，在挖掘硬土层时用较小的尺寸，松土层时用较大的尺寸，当土层松软且易坍塌时，必须对井壁进行支护，确保施工安全。在挖掘时，必须随时记录和描述，并做出探井展开图。其内容应包括：探井位置、编号、尺寸、标高、深度等；地下水的初见水位和稳定水位；井壁加固情况；土体类型及性质；土层厚度及产状。探槽一般在覆土厚度较小时使用，用于了解地质构造线、断裂破碎带的宽度、地层、岩性分界线、岩脉宽度及其延伸方向等。

（四）测试工作

岩土工程勘察测试工作包括室内试验和现场原位测试。室内试验包括室内的土工试验和水分析试验；现场原位测试包括现场载荷试验、标准贯入试验、静或动力触探试验、十字板剪切试验、旁压试验、现场剪切试验、波速试验、岩体原位应力测试等。通过以上测试，得出设计和施工所需的计算指标。

（五）长期观测工作

长期观测工作主要指建筑物沉降观测、滑坡位移观测和地下水的动态观测。这项工作，往往需要较长的时间，不是一般工程勘察周期内能完成的。长期观测所得到的资料，一方面可以用于设计和施工，另一方面也可检验一般测试资料及其对工程问题的适用性，以便总结经验，不断提高勘察工作水平。

（六）岩土工程分析评价与成果报告

1. 岩土工程分析评价的内容与方法

岩土工程分析评价应在工程地质测绘、勘探、测试和收集已有资料的基础上，结合工程特点和要求进行。应包括的内容有：①场地的稳定性与适宜性；②为岩土工程设计提供地层结构和地下水分布的几何参数、岩土体各种性质的设计参数；③预测拟建建筑对已有建筑的影响，工程建设可能引起的环境变化以及环境变化对工程的影响；④为地基与基础方案的设计提出建议；⑤预测施工过程中可能出现的岩土工程问题，并给出相对的防治措施及施工方法。

岩土工程分析评价的方法包括定性分析和定量分析，一般工程中应在定性分析的基础上进行定量分析。定性分析是评价的首要步骤和基础，进行定量分析前必须进行定性分析。在工程选址及判定场地适宜性、场地地质条件的稳定性等问题时可仅做定性分析。定量分析可采用定值法，对特殊工程有时也可以采用概率法进行综合评价。对岩土体的变形性状及其极限值，岩土体稳定性及其强度和极限值，斜坡及地基的稳定性，岩土压力及岩土体中应力的分布与传递，其他判定临界状态的问题等应做定量分析。

岩土工程的分析评价，应根据勘察等级进行。对丙级勘察工程可根据邻近工程经验，结合钻探取样试验和触探资料进行分析评价；对乙级勘察工程，应在详勘的基础上，结合邻近工程经验进行，并提供岩土体的强度和变形指标；对甲级勘察工程，除按乙级要求进行外，而且要提供现场载荷试验资料，必要时应对复杂问题进行专门研究，并结合长期监测工作对评价结论进行检验。

2. 岩土工程分析评价的成果报告

岩土工程勘察报告必须根据场地的地质条件、工程规模、性质及设计和施工要求，对场地的稳定性、适宜性进行定性和定量的分析评价，提出选择地基基础方案的依据和设计计算所需的参数，指出可能存在的问题以及解决问题的措施。岩土工程勘察报告应根据任务要求、勘察阶段、工程特点和地质条件等具体情况编写。

一般包括的内容有：①勘察目的、任务要求和依据的技术标准；②拟建工程概况；③勘察方法和勘察工作布置；④场地地形、地貌、地层、地质构造、岩土性质及其均匀性；⑤各项岩土性质指标，岩土的强度参数、变形参数、地基承载力的建议值；⑥地下水埋藏情况、类型、水位及其变化；⑦土和水对建筑材料的腐蚀性；⑧对可能影响工程稳定的不良地质作用的描述和对工程危害程度的评价；⑨场地稳定性和适宜性的评价。

岩土工程问题中需要对岩土进行利用、整治和改造时，应对施工方案进行分析论证，提出建议；并且预测施工和使用期间可能发生的岩土工程问题，提出监控和预防措施的建议。

成果报告还应附有下列图件：勘探点平面布置图、工程地质柱状图、工程地质剖面图、原位测试成果图表、室内试验成果图表。对于复杂工程，需要时可附综合工程地质图，综合地质柱状图，地下水等水位线图，素描，照片，综合分析图表以及岩土利用、整治和改造方案的有关图表，岩土工程计算简图及计算成果图表等。

对丙级勘察工程的成果报告内容可适当简化，采用以图表为主、以文字说明为辅的形式；对甲级勘察工程的成果报告，可对专门性的岩土工程问题提交专门的试验报告、研究报告或监测报告。需要时，可提交下列专题报告：岩土工程测试报告，岩土工程检验或监测报告，岩土工程事故调查与分析报告，岩土利用、整治或改造方案报告，专门岩土工程问题的技术咨询报告。

第二章　岩土工程中特殊性岩土的勘察

第一节　黄土与湿陷性土的勘察

一、湿陷性黄土的勘察

湿陷性黄土是一种非饱和的欠压密土，具有大孔和垂直节理，在天然湿度下，其压缩性较低，强度较高，但遇水浸湿时，土的强度显著降低，在附加压力或在附加压力与土的自重压力下引起的湿陷变形，是一种下沉量大、下沉速度快的失稳性变形，对建筑物危害性大。

我国湿陷性黄土主要分布在山西、陕西、甘肃的大部分地区，河南西部和宁夏、青海、河北的部分地区。此外，新疆维吾尔自治区、内蒙古自治区和山东、辽宁、黑龙江等省，局部地区亦分布有湿陷性黄土。

"湿陷性黄土地基勘察工作是查明地层时代、成因、湿陷性土层的厚度，湿陷系数、起始压力、场地湿陷类型等参数，并结合建筑物的特点和设计要求，对场地、地基做出评价，对地基处理措施提出建议。"

（一）湿陷性黄土勘察的重点

在湿陷性黄土场地进行岩土工程勘察，应结合建筑物功能、荷载与结构等特点和设计要求，对场地与地基做出评价，并就防止、降低或消除地基的湿陷性提出可行的措施建议。

应查明的内容包括：①黄土地层的时代、成因；②湿陷性黄土层的厚度；③湿陷系数、自重湿陷系数和湿陷起始压力随深度的变化；④场地湿陷类型和地基湿陷等级的平面分布；⑤变形参数和承载力；⑥地下水等环境水的变化趋势；⑦其他工程地质条件。

（二）湿陷性黄土场地上建筑物及工程地质条件

1. 湿陷性黄土场地上建筑物的分类

拟建在湿陷性黄土场地上的建筑物，种类很多，使用功能不尽相同，应根据其重要性、地基受水浸湿可能性的大小和在使用期间对不均匀沉降限制的严格程度，分为甲、乙、丙、丁四类。对建筑物分类的目的是为设计采取措施区别对待，防止不论工程大小采取"一刀切"的措施。当建筑物各单元的重要性不同时，可根据各单元的重要性划分为不同类别。

地基受水浸湿可能性的大小，反映了湿陷性黄土遇水湿陷的特点，可归纳为三种：①地基受水浸湿可能性大，是指建筑物内的地面经常有水或可能积水、排水沟较多或地下管道很多；②地基受水浸湿可能性较大，是指建筑物内局部有一般给水、排水或暖气管道；③地基受水浸湿可能性小，是指建筑物内无水暖管道。

2. 场地工程地质条件的复杂程度

场地工程地质条件的复杂程度，按照地形地貌、地层结构、不良地质现象发育程度、地基湿陷性类型、等级等可分为以下三类：

（1）简单场地。地形平缓，地貌、地层简单，场地湿陷类型单一，地基湿陷等级变化不大。

（2）中等复杂场地。地形起伏较大，地貌、地层较复杂，局部有不良地质现象发育，场地湿陷类型、地基湿陷等级变化较复杂。

（3）复杂场地。地形起伏很大，地貌、地层复杂，不良地质现象广泛发育，场地湿陷类型、地基湿陷等级分布复杂，地下水位变化幅度大或变化趋势不利。

（三）工程地质测绘的主要内容

在湿陷性黄土场地进行工程地质测绘，除应符合一般要求外，还应包括的内容有：①研究地形的起伏和地面水的积聚、排泄条件，调查洪水淹没范围及其发生规律；②划分不同的地貌单元，确定其与黄土分布的关系，查明湿陷凹地、黄土溶洞、滑坡、崩坍、冲沟、泥石流及地裂缝等不良地质现象的分布、规模、发展趋势及其对建设的影响；③划分黄土地层或判别新近堆积黄土，黄土地层按规定划分，见表2-1；④调查地下水位的深度、季节性变化幅度、升降趋势及其与地表水体、灌溉情况和开采地下水强度的关系；⑤调查既有建筑物的现状；⑥了解场地内有无地下坑穴，如古墓、井、坑、穴、地道、砂井和砂巷等。

表 2-1 黄土地层的划分

时代		地层的划分	说明
全新世黄土	新黄土	黄土状土	一般具湿陷性
晚更新世黄土		马兰黄土	

时代		地层的划分	说明
中更新世黄土	老黄土	离石黄土	上部部分土层具湿陷性
早更新世黄土		午城黄土	

注：全新世黄土包括湿陷性黄土和新近堆积黄土。

（四）勘察阶段的划分及其基本要求

1. 勘察阶段的划分

勘察阶段可分为可行性研究、初步勘察、详细勘察三个阶段。各阶段的勘察成果应符合各相应设计阶段的要求。对场地面积不大、地质条件简单或有建筑经验的地区，可简化勘察阶段，但应符合初步勘察和详细勘察两个阶段的要求。对工程地质条件复杂或有特殊要求的建筑物，必要时应进行施工勘察或专门勘察。

2. 可行性研究勘察阶段

按国家的有关规定，一个工程建设项目的确定和批准立项，必须有可行性研究为依据；可行性研究报告中要求有必要的关于工程地质条件的内容，当工程项目的规模较大或地层、地质与岩土性质较复杂时，往往须进行少量必要的勘察工作，以掌握关于场地湿陷类型、湿陷量大小、湿陷性黄土层的分布与厚度变化、地下水位的深浅及有无影响场址安全使用的不良地质现象等的基本情况。有时，在可行性研究阶段会有多个场址方案，这时就有必要对它们分别做一定的勘察工作，以利场址的科学比选。

可行性研究勘察阶段，应进行的工作包括四个方面。①收集拟建场地有关的工程地质、水文地质资料及地区的建筑经验。②在收集资料和研究的基础上进行现场调查，了解拟建场地的地形地貌和黄土层的地质时代、成因、厚度、湿陷性，有无影响场地稳定的不良地质现象和地质环境等问题。地质环境对拟建工程有明显的制约作用，在场址选择或可行性研究勘察阶段，增加对地质环境进行调查了解很有必要。例如，沉降尚未稳定的采空区，有毒、有害的废弃物等，在勘察期间必须详细调查了解和探查清楚。不良地质现象，包括泥石流、滑坡、崩塌、湿陷凹地、黄土溶洞、岸边冲刷、地下潜蚀等内容。地质环境，包括地下采空区、地面沉降、地裂缝、地下水的水位升降、工业及生活废弃物的处置和存放、空气及水质的化学污染等内容。③对工程地质条件复杂，已有资料不能满足要求时，应进行必要的工程地质测绘、勘察和试验等工作。④本阶段的勘察成果，应对拟建场地的稳定性和适宜性做出初步评价。

3. 初步勘察阶段

（1）主要工作内容。初步勘察阶段，应进行的工作包括：①初步查明场地内各土层的物理力学性质、场地湿陷类型、地基湿陷等级及其分布，预估地下水位的季节性变化幅度和升降的可能性；②初步查明不良地质现象和地质环境等问题的成因、分布范围，对场地稳定性的影响程度及其发展趋势；③当工程地质条件复杂，已有资料不符合要求时，应进行工程地质测绘，其比例尺可采用 1∶1000~1∶5000。

（2）工作量的布置要求。初步勘察勘探点、线、网的布置，应符合的要求包括：①勘探线应按地貌单元的纵、横线方向布置，在微地貌变化较大的地段予以加密，在平缓地段可按网格布置；②取土和原位测试的勘探点，应按地貌单元和控制性地段布置，其数量不得少于全部勘探点的 1/2；③勘探点的深度应根据湿陷性黄土层的厚度和地基压缩层深度的预估值确定，控制性勘探点应有一定数量的取土勘探点穿透湿陷性黄土层；④对新建地区的甲类建筑和乙类中的重要建筑，应进行现场试坑浸水试验，并应按自重湿陷量的实测值判定场地湿陷类型；⑤本阶段的勘察成果，应查明场地湿陷类型，为确定建筑物总平面的合理布置提供依据，对地基基础方案、不良地质现象和地质环境的防治提供参数与建议。

4. 详细勘察阶段

（1）工作量布置要求。勘探点的布置，应根据总平面和建筑物类别以及工程地质条件的复杂程度等因素确定。包括：①在单独的甲、乙类建筑场地内，勘探点不应少于 4 个；②采取不扰动土样和原位测试的勘探点不得少于全部勘探点的 2/3，其中采取不扰动土样的勘探点不宜少于 1/2；③勘探点的深度应大于地基压缩层的深度。

（2）详细勘察阶段的主要任务。①详细查明地基土层及其物理力学性质指标，确定场地湿陷类型、地基湿陷等级的平面分布和承载力。湿陷系数、自重湿陷系数、湿陷起始压力均为黄土场地的主要岩土参数，详勘阶段宜将上述参数绘制在随深度变化的曲线图上，并宜进行相关分析。当挖、填方厚度较大时，黄土场地的湿陷类型、湿陷等级可能发生变化，在这种情况下，应自挖（或填）方整平后的地面（或设计地面）标高算起。勘察时，设计地面标高如不确定，编制勘察方案宜与建设方紧密配合，使其尽量符合实际，以满足黄土湿陷性评价的需要。②按建筑物或建筑群提供详细的岩土工程资料和设计所需的岩土技术参数，当场地地下水位有可能上升至地基压缩层的深度以内时，宜提供饱和状态下的强度和变形参数。③对地基做出分析评价，并对地基处理、不良地质现象和地质环境的防治等方案做出论证和建议。④提出施工和监测的建议。

（五）测定黄土湿陷性的试验

测定黄土湿陷性的试验，可分为室内压缩试验、现场静载荷试验和现场试坑浸水试验三种。

室内压缩试验主要用于测定黄土的湿陷系数、自重湿陷系数和湿陷起始压力；现场静载荷试验可测定黄土的湿陷性和湿陷起始压力，基于室内压缩试验测定黄土的湿陷性比较简便，而且可同时测定不同深度的黄土湿陷性，所以现场静载荷试验仅要求在现场测定湿陷起始压力；现场试坑浸水试验主要用于确定自重湿陷量的实测值，以判定场地湿陷类型。

1. 试验的基本要求

采用室内压缩试验测定黄土的湿陷系数、自重湿陷系数和湿陷起始压力等湿陷性指标应遵守有关统一的要求，以保证试验方法和过程的统一性及试验结果的可比性，这些要求包括试验土样、试验仪器、浸水水质、试验变形稳定标准等方面。

2. 现场静载荷试验

现场静载荷试验主要用于测定非自重湿陷性黄土场地的湿陷起始压力，自重湿陷性黄土场地的湿陷起始压力值小，无使用意义，一般不在现场测定。

（1）试验方法的选择。在现场测定湿陷起始压力与室内试验相同，也分为单线法和双线法。二者试验结果有的相同或接近，有的互有大小。一般认为，单线法试验结果较符合实际，但单线法的试验工作量较大，在同一场地的相同标高及相同土层，单线法须做三台以上静载荷试验，而双线法只须做两台静载荷试验（一个为天然湿度，一个为浸水饱和）。

（2）试验要求。在现场采用静载荷试验测定湿陷性黄土的湿陷起始压力，应符合要求。①承压板的底面积宜为 $0.50m^2$，压板底面宜为方形或圆形，试坑边长或直径应为承压板边长或直径的 3 倍，试坑深度宜与基础底面标高相同或接近。安装载荷试验设备时，应注意保持试验土层的天然湿度和原状结构，压板底面下宜用 $10\sim15mm$ 厚的粗、中砂找平。②每级加压增量不宜大于 25kPa，试验终止压力不应小于 200kPa。③每级加压后，按每隔 15min 测读一次下沉量，以后为每隔 30min 观测一次，当连续 2h 内，每 1h 的下沉量小于 0.10mm 时，认为压板下沉已趋稳定，即可加下一级压力。

3. 现场试坑浸水试验

采用现场试坑浸水试验可确定自重湿陷量的实测值，用以判定场地湿陷类型比较准确可靠，但浸水试验时间较长，一般需要 $1\sim2$ 个月，而且需要较多的用水。因此规定，在缺乏经验的新建地区，对甲类和乙类中的重要建筑，应采用试坑浸水试验，乙类中的一般建筑和丙类建筑以及有建筑经验的地区，均可按自重湿陷量的计算值判定场地湿陷类型。

（六）防止或减少建筑物地基浸水设计的设计措施

防止和减小建筑物地基浸水湿陷的设计措施，可分为地基处理措施、防水措施和结构措施三种。

1. 地基处理措施

消除地基的全部或部分湿陷量，或采用桩基础穿透全部湿陷性黄土层，或将基础设置在非湿陷性黄土层上。

2. 防水措施

（1）基本防水措施：在建筑物布置、场地排水、屋面排水、地面防水、散水、排水沟、管道敷设、管道材料和接口等方面，应采取措施防止雨水或生产、生活用水的渗漏。

（2）检漏防水措施：在基本防水措施的基础上，对防护范围内的地下管道，应增设检漏管沟和检漏井。

（3）严格防水措施：在检漏防水措施的基础上，应提高防水地面、排水沟、检漏管沟和检漏井等设施的材料标准，如增设可靠的防水层、采用钢筋混凝土排水沟等。

3. 结构措施

减小或调整建筑物的不均匀沉降，或使结构适应地基的变形。

凡是划为甲类的建筑，地基处理均要求从严，不允许留剩余湿陷量。在三种设计措施中，消除地基的全部湿陷量或采用桩基础穿透全部湿陷性黄土层，主要用于甲类建筑；消除地基的部分湿陷量，主要用于乙、丙类建筑；丁类属次要建筑，地基可不处理。

防水措施和结构措施，一般用于地基不处理或消除地基部分湿陷量的建筑，以弥补地基处理的不足。

二、湿陷性土的勘察

"湿陷性土在饮水工程中比较常见，它受到地形地貌、堆积环境与时代成因等因素的影响，在物理力学性质上存在很大的差异。"

（一）湿陷性土的判定标准

非黄土的湿陷性土的勘察评价首先要判定是否具有湿陷性。当这类土不能如黄土那样用室内浸水压缩试验，在一定压力下测定湿陷系数 δ_s，并以 δ_s 值等于或大于 0.015 作为判定湿陷性黄土的标准界限时，规范规定：采用现场浸水载荷试验作为判定湿陷性土的基本方法，在200kPa压力下浸水载荷试验的附加湿陷量与承压板宽度之比等于或大于0.023的土，应判定为湿陷性土。

（二）湿陷性土勘察的要求

湿陷性土场地勘察，除应遵守一般建筑场地的有关规定外，尚应符合这些要求。①有湿陷性土分布的勘察场地，由于地貌、地质条件比较特殊，土层产状多较复杂，所以勘探点间距不宜过大，应按一般建筑场地取小值。对湿陷性土分布极不均匀场地应加密勘探点。②控制性勘探孔深度应穿透湿陷性土层。③应查明湿陷性土的年代、成因、分布和其中的夹层、包含物、胶结物的成分和性质。④湿陷性碎石土和砂土，宜采用动力触探试验和标准贯入试验确定力学特性。⑤不扰动土试样应在探井中采取。⑥不扰动土试样除测定一般物理力学性质外，尚应做土的湿陷性和湿化试验。⑦对不能取得不扰动土试样的湿陷性土，应在探井中采用大体积法测定密度和含水量。⑧对于厚度超过2m的湿陷性土，应在不同深度处分别进行浸水载荷试验，并应不受相邻试验的浸水影响。

（三）湿陷性土的岩土工程评价

第一，湿陷性土的地基承载力宜采用载荷试验或其他原位测试确定。

第二，对湿陷性土边坡，当浸水因素引起湿陷性土本身或其与下伏地层接触面的强度降低时，应进行稳定性评价。

第三，在湿陷性土地区进行建设，应根据湿陷性土的特点、湿陷等级、工程要求，结合当地建筑经验，因地制宜，采取以地基处理为主的综合措施，防止地基湿陷。

第二节 红黏土与软土的勘察

一、红黏土的勘察

（一）红黏土的成因和分布

红黏土指的是我国红土的一个亚类，即母岩为碳酸盐岩系（包括间夹其间的非碳酸盐岩类岩石）经湿热条件下的红土化作用形成的高塑性黏土。"红黏土属特殊性岩土，其具有液限大、含水率高、孔隙比大、失水收缩、裂隙发育、压缩性低、强度高等特点，常被误判为一般黏土。受溶沟、溶槽、石林、石芽、裂隙、溶洞等岩溶发育影响，红黏土平面分布不均、厚度变化大，塑性随深度改变，岩土界面起伏大。"红黏土包括原生与次生红黏土。颜色为棕红或褐黄，覆盖于碳酸盐岩系之上，其液限大于或等于 50% 的高塑性黏土应判定为原生红黏土。原生红黏土经搬运、沉积后仍保留其基本特征，且其液限大于 45% 的黏土，可判定为次生红黏土。原生红黏土比较易于判定，次生红黏土则可能具备某种程度的过渡性质。勘察中应通过第四纪地质、地貌的研究，根据红黏土特征保留的程度确定是否判定为次生红黏土。

红黏土广泛分布在我国云贵高原、四川东部、两湖和两广北部一些地区，是一种区域性的特殊土。红黏土主要为残积、坡积类型，一般分布在山坡、山麓、盆地或洼地中。其厚度变化很大，且与原始地形和下伏基岩面的起伏变化密切相关。分布在盆地或洼地时，其厚度变化大体是边缘较薄，向中间逐渐增厚。当下伏基岩中溶沟、溶槽、石芽较发育时，上覆红黏土的厚度变化极大。就地区而论，贵州的红黏土厚度为 3~6m，超过 10m 者较少；云南地区一般为 7~8m，个别地段可达 10~20m；湘西、鄂西、广西等地一般在 10m 左右。

(二) 红黏土的主要特征

1. 红黏土成分、结构特征

红黏土的颗粒细而均匀，黏粒含量很高，尤以小于 0.002mm 的细黏粒为主。矿物成分以黏土矿物为主，游离氧化物含量也较高，碎屑矿物较少，水溶盐和有机质含量都很少。黏土矿物以高岭石和伊利石为主，含少量埃洛石、绿泥石、蒙脱石等，游离氧化物中 Fe_2O_3 多于 Al_2O_3，碎屑矿物主要是石英。

红黏土由于黏粒含量较高，常呈蜂窝状和絮状结构，颗粒之间具有较牢固的铁质或铝质胶结。红黏土中常有很多裂隙、结核和土洞存在，从而影响土体的均一性。

2. 红黏土的工程地质性质特征

红黏土的工程地质性质特征包括：①高塑性和分散性；②高含水率、低密实度；③强度较高，压缩性较低；④具有明显的收缩性，膨胀性轻微。

(三) 红黏土地区岩土工程勘察的重点

红黏土作为特殊性土有别于其他土类的主要特征是：稠度状态上硬下软、表面收缩、裂隙发育。地基是否均匀也是红黏土分布区的重要问题。因此，红黏土地区的岩土工程勘察，应重点查明其状态分布、裂隙发育特征及地基的均匀性。

1. 红黏土的状态分类

为了反映上硬下软的特征，勘察中应详细划分土的状态。红黏土状态的划分可采用一般黏性土的液性指数划分法，也可采用红黏土特有含水比划分法。

2. 红黏土的结构分类

红黏土的结构可根据野外观测的红黏土裂隙发育的密度特征分为三类。红黏土的网状裂隙分布，与地貌有一定联系，如坡度、朝向等，且呈由浅而深递减之势。红黏土中的裂隙会影响土的整体强度，降低其承载力，是土体稳定的不利因素。

3. 红黏土的地基均匀性分类

红黏土地区地基的均匀性差别很大，按照地基压缩层范围内岩土组成分为两类。如地基压缩层范围均为红黏土，则为均匀地基；否则，上覆硬塑红黏土较薄，红黏土与岩石组成的土岩组合地基，是很严重的不均匀地基。

（四）红黏土地基勘察的基本要求

1. 工程地质测绘的重点

红黏土地区的工程地质测绘和调查是在一般性的工程地质测绘基础上进行的，其内容与要求可根据工程和现场的实际情况确定。下列五个方面的内容宜着重查明，工作中可以灵活掌握，有所侧重或有所简略。

（1）不同地貌单元红黏土的分布、厚度、物质组成、土性等特征及其差异。

（2）下伏基岩岩性、岩溶发育特征及其与红黏土土性、厚度变化的关系。

（3）地裂分布、发育特征及其成因，土体结构特征，土体中裂隙的密度、深度、延展方向及其发育规律。

（4）地表水体和地下水的分布、动态及其与红黏土状态垂向分带的关系。

（5）现有建筑物开裂原因分析，当地勘察、设计、施工经验，有效工程措施及其经济指标。

2. 勘察工作的布置内容

（1）勘探点间距。由于红黏土具有垂直方向状态变化大、水平方向厚度变化大的特点，故勘探工作应采用较密的点距，查明红黏土厚度和状态的变化，特别是土岩组合的不均匀地基。初步勘察勘探点间距宜按一般地区复杂场地的规定进行，取 $30 \sim 50m$；详细勘察勘探点间距，对均匀地基宜取 $12 \sim 24m$，对不均匀地基宜取 $6 \sim 12m$，并沿基础轴线布置。厚度和状态变化大的地段，勘探点间距还可加密，应按柱基单独布置。

（2）勘探孔的深度。红黏土底部常有软弱土层，基岩面的起伏也很大，故各阶段勘探孔的深度不宜单纯根据地基变形计算深度来确定，以免漏掉对场地与地基评价至关重要的信息。对于土岩组合不均匀的地基，勘探孔深度应达到基岩，以便获得完整的地层剖面。

（3）施工勘察。当基础方案采用岩石端承桩基、场地属有石芽出露的Ⅱ类地基或有土洞须查明时应进行施工勘察，其勘探点间距和深度根据需要单独确定，确保安全需要。对Ⅱ类地基上的各级建筑物，基坑开挖后，对已出露的石芽及导致地基不均匀性的各种情况应进行施工验槽工作。

（4）地下水。水文地质条件对红黏土评价是非常重要的因素，仅仅通过地面的测绘调查往往难以满足岩土工程评价的需要。当岩土工程评价需要详细了解地下水埋藏条件、运动规律和季节变化时，应在测绘调查的基础上补充进行地下水的勘察、试验和观测工作。

（五）红黏土地基的岩土工程评价

1. 红黏土地基承载力的确定

红黏土承载力的确定方法，原则上与一般土并无不同。应特别注意的是，红黏土裂隙的影响以及裂隙发展和复浸水可能使其承载力下降。过去积累的确定红黏土承载力的地区性成熟经验，应予充分利用。

当基础浅埋、外侧地面倾斜、有临空面或承受较大水平荷载时，应结合这些因素，尽可能选用符合实际的测试方法综合考虑确定红黏土的承载力：①土体结构和裂隙对承载力的影响；②开挖面长时间暴露，裂隙发展和复浸水对土质的影响。

2. 红黏土的岩土工程评价

红黏土的岩土工程评价应符合下列要求：

（1）建筑物应避免跨越地裂密集带或深长地裂地段。

地裂是红黏土地区的一种特有的现象。地裂规模不等，长可达数百米，深可延伸至地表下数米，所经之处地面建筑无一不受损坏。故评价时应建议建筑物绕避地裂。

（2）轻型建筑物的基础埋深应大于大气影响急剧层的深度；炉窑等高温设备的基础应考虑地基土的不均匀收缩变形；开挖明渠时应考虑土体干湿循环的影响；在石芽出露的地段，应考虑地表水下渗形成的地面变形。

（3）选择适宜的持力层和基础形式，在充分考虑各种因素对红黏土性质影响的前提下，基础宜浅埋，利用浅部硬壳层，并进行下卧层承载力的验算；不能满足承载力和变形要求时，应建议进行地基处理或采用桩基础。

红黏土中基础埋深的确定可能面临矛盾。从充分利用硬层，减轻下卧软层的压力而言，宜尽量浅埋；但从避免地面不利因素影响而言，又必须深于大气影响急剧层的深度。评价时应权衡利弊，提出适当的建议，如果采用天然地基难以解决上述矛盾，则宜放弃天然地基,改用桩基。

(4)基坑开挖时宜采取保湿措施,边坡应及时维护,防止失水干缩。

二、软土的勘察

天然孔隙比大于或等于1.0,且天然含水量大于液限的细粒土应判定为软土,包括淤泥、淤泥质土、泥炭、泥炭质土等。淤泥在静水或缓慢的流水环境沉积,并经生物化学作用形成,其天然含水量大于液限,天然孔隙比大于或等于1.5的黏性土。当天然含水量大于液限而天然孔隙比小于1.5但大于或等于1.0的黏性土或粉土为淤泥质土。泥炭和泥炭质土中含有大量未分解的腐殖质,有机质含量大于60%的为泥炭,有机质含量10%~60%的为泥炭质土。

"作为岩土工程中常见的地基类型,软土地基具有触变性和流动性等特点,对岩土工程的施工和建设具有重大的影响,需要采取有效的勘察技术对其进行详细的勘察,并采取有效的措施进行软土地基的改造。"

(一)软土的成分和结构特征

软土是在水流不通畅、缺氧和饱水条件下形成的近代沉积物,物质组成和结构具有一定的特点。粒度成分主要为粉粒和黏粒,一般属黏土或粉质黏土、粉土。其矿物成分主要为石英、长石、白云母及大量蒙脱石、伊利石等黏土矿物,并含有少量水溶盐,有机质含量较高,一般为6%~15%,个别可达17%~25%。淤泥类土具有蜂窝状和絮状结构,疏松多孔,具有薄层状构造。厚度不大的淤泥类土常是淤泥质黏土、粉砂土、淤泥或泥炭交互成层或呈透镜体状夹层。

(二)软土的工程地质特征

软土的工程地质特征包括:①软土主要由黏粒、粉粒组成,小于0.075mm粒径的土粒占土样总质量的50%以上;②孔隙比>1.0;③天然含水量高,含水量大于液限;④压缩性高,且长期不易达到固结稳定;⑤抗剪强度低,不排水时,内摩擦角≈0,黏聚力小于20kPa,抗剪强度小于30kPa;⑥排水抗剪时,抗剪强度随排水(固结)程度有明显的增加;⑦透水性差,透水系数小于1×10^{-6}cm/s,对地基排水固结不利,固结需要相当长的时间,建筑物沉降延续的时间较长;⑧有较强的结构性,灵敏度大于4;⑨软土具有流变性,在剪应力作用下,土体发生缓慢而长期的剪切变形,由于天然软土的压缩变形大,常导致软土地基大面积堆载,以及邻近相当一片面积产生不均匀沉降变形,甚至发生土体失稳滑移,使建筑物遭受严重破坏;⑩软土具有触变性,一经扰动,土粒间结构连接易受破坏,使土稀释、液化，故软土在地震作用下极易产生震陷和处于流动状态，使土体滑流。

(三) 软土勘察的基本要求

1. 软土勘察的重点

软土勘察除应符合常规要求外，从岩土工程的技术要求出发，对软土的勘察应特别注意查明下列内容：

(1) 软土的成因、成层条件、分布规律、层理特征，水平与垂直向的均匀性、渗透性，地表硬壳层的分布与厚度，可作为浅基础、深基础持力层的地下硬土层或基岩的埋藏条件与分布特征；特别是对软土的排水固结条件、沉降速率、强度增长等起关键作用的薄层理与夹砂层特征。

(2) 软土地区微地貌形态与不同性质的软土层分布有内在联系，查明微地貌、旧堤、堆土场、暗埋的塘、浜、沟、穴、填土、古河道等的分布范围和埋藏深度，有助于查明软土层的分布。

(3) 软土固结历史，强度和变形特征随应力水平的变化，以及结构破坏对强度和变形的影响。软土的固结历史，确定是欠固结、正常固结或超固结土，是十分重要的。先期固结压力前后变形特性有很大不同，不同固结历史的软土的应力应变关系有不同特征；要很好地确定先期固结压力，必须保证取样的质量。另外，应注意灵敏性黏土受扰动后，结构破坏对强度和变形的影响。

(4) 地下水对基础施工的影响，地基土在施工开挖、回填、支护、降水、打桩和沉井等过程中及建筑使用期间可能产生的变化、影响，并提出防治方案及建议。

(5) 在强地震区应对场地的地震效应做出鉴定。

(6) 当地的工程经验。

2. 勘察方法及勘察工作量布置

软土地区勘察勘探手段以钻探取样与静力触探相结合为原则；在软土地区用静力触探孔取代相当数量的勘探孔，不仅减少钻探取样和土工试验的工作量，缩短勘察周期，而且可以提高勘察工作质量；静力触探是软土地区十分有效的原位测试方法；标准贯入试验对软土并不适用，但可用于软土中的砂土、硬黏性土等。

(1) 勘探点布置应根据土的成因类型和地基复杂程度确定。当土层变化较大或有暗埋的塘、浜、沟、坑、穴时应予加密。

(2) 对勘探孔的深度，不要简单地按地基变形计算深度确定，而宜根据地质条件、建筑物特点、可能的基础类型确定。此外，还应预计到可能采取的地基处理方案的要求。

（3）软土取样应采用薄壁取土器。

（4）软土原位测试宜采用静力触探试验、旁压试验、十字板剪切试验、扁铲侧胀试验和螺旋板载荷试验。静力触探最大的优点在于精确分层，用旁压试验测定软土的模量和强度，用十字板剪切试验测定内摩擦角近似为零的软土强度，实践证明是行之有效的。扁铲侧胀试验和螺旋板载荷试验，虽然经验不多，但最适用于软土也是公认的。

3. 软土的力学参数的测定

软土的力学参数宜采用室内试验、原位测试并结合当地经验确定。有条件时，可根据堆载试验、原型监测反分析确定。抗剪强度指标室内宜采用三轴试验，原位测试宜采用十字板剪切试验。压缩系数、先期固结压力、压缩指数、回弹指数、固结系数，可分别采用常规固结试验、高压固结试验等方法确定。

试验土样的初始应力状态、应力变化速率、排水条件和应变条件均应尽可能模拟工程的实际条件。对正常固结的软土应在自重应力下预固结后再做不固结不排水三轴剪切试验。试验方法及设计参数的确定应针对不同工程，符合下列要求：

（1）对于一级建筑物应采用不固结不排水三轴剪切试验；对于其他建筑物可采用直接剪切试验。对于加、卸荷快的工程，应做快剪试验；对渗透性很低的黏性土，也可做无侧限抗压强度试验。

（2）对于土层排水速度快而施工速度慢的工程，宜采用固结排水剪切试验。剪切方法可用三轴试验或直剪试验，提供有效应力强度参数。

（3）一般提供峰值强度的参数，但对于土体可能发生大应变的工程应测定其残余抗剪强度。

（4）有特殊要求时，应对软土应进行蠕变试验，测定土的长期强度；当研究土对动荷载的反应，可进行动力扭剪试验、动单剪试验或动三轴试验。

（5）当对变形计算有特殊要求时，应提供先期固结压力、固结系数、压缩指数、回弹指数。试验方法一般采用常规（24h加一级荷重）固结试验，有经验时，也可采用快速加荷固结试验。

（四）软土的岩土工程评价

软土的岩土工程评价应包括下列内容：

第一，分析软土地基的均匀性，包括强度、压缩性的均匀性，判定地基产生失稳和不均匀变形的可能性；当工程位于池塘、河岸、边坡附近时，应验算其稳定性。

第二，软土地基承载力应根据室内试验、原位测试和当地经验，要以当地经验为主，对软土地基承载力的评定，变形控制的原则，并结合相关因素综合确定：①软土成层条件、应力历史、结构性、灵敏度等力学特性和排水条件；②上部结构的类型、刚度、荷载性质和分布，对不均匀沉降的敏感性；③基础的类型、尺寸、埋深和刚度等；④施工方法和程序。

第三，当建筑物相邻高低层荷载相差较大时，应分析其变形差异和相互影响；当地面有大面积堆载时，应分析对相邻建筑物的不利影响。

第四，地基沉降计算可采用分层总和法或土的应力历史法，并应根据当地经验进行修正，必要时，应考虑软土的次固结效应。

第五，选择合适的持力层，并对可能的基础方案进行技术经济论证，尽可能利用地表硬壳层，提出基础形式和持力层的建议；对于上为硬层下为软土的双层土地基应进行下卧层验算。

第三节　混合土与填土的勘察

一、混合土的勘察

（一）混合土勘察的基本要求

1. 混合土工程地质测绘与调查的重点

混合土的工程地质测绘与调查的重点在于查明以下内容：
（1）混合土的成因、物质来源及组成成分以及其形成时期。
（2）混合土是否具有湿陷性、膨胀性。
（3）混合土与下伏岩土的接触情况以及接触面的坡向和坡度。
（4）混合土中是否存在崩塌、滑坡、潜蚀现象及洞穴等不良地质现象。
（5）当地利用混合土作为建筑物地基、建筑材料的经验以及各种有效的处理措施。

2. 混合土工程勘察的重点

（1）查明地形和地貌特征，混合土的成因、分布，下卧土层或基岩的埋藏条件。
（2）查明混合土的组成、均匀性及其在水平方向和垂直方向上的变化规律。

3. 混合土工程勘察方法及注意事项

（1）宜采用多种勘探手段，如井探、钻探、静力触探、动力触探以及物探等。勘探孔的间距宜较一般土地区为小，深度则应较一般土地区为深。

（2）混合土大小颗粒混杂，除了从钻孔中采取不扰动土试样外，一般应有一定数量的探井，以便直接观察，并应采取大体积土试样进行颗粒分析和物理力学性质测定；如不能取得不扰动土试样时，则采取数量较多的扰动土试样，应注意试样的代表性。

（3）对粗粒混合土动力触探是很好的原位手段，但应有一定数量的钻孔或探井检验。

（4）现场载荷试验的承压板直径和现场直剪试验的剪切面直径都应大于试验土层最大粒径的 5 倍，载荷试验的承压板面积不应小于 $0.5m^2$，直剪试验的剪切面面积不宜小于 $0.25m^2$。

（5）混合土的室内试验方法及试验项目除应注意其与一般土试验的区别外，试验时还应注意土试样的代表性。在使用室内试验资料时，应估计由于土试样代表性不够所造成的影响。必须充分估计到由于土中所含粗大颗粒对土样结构的破坏和对测试资料的正确性和完备性的影响，不可盲目地套用一般测试方法和不加分析地使用测试资料。

（二）混合土的岩土工程评价

混合土的岩土工程评价的内容包括：①混合土的承载力应采用载荷试验、动力触探试验并结合当地经验确定；②混合土边坡的容许坡度值可根据现场调查和当地经验确定，对重要工程应进行专门试验研究。

二、填土的勘察

（一）填土的基本分类

填土根据物质组成和堆填方式，可分为这四类：①素填土——由碎石土、砂土、粉土和黏性土等一种或几种材料组成，不含或很少含杂物；②杂填土——含有大量建筑垃圾、工业废料或生活垃圾等杂物；③冲填土——由水力冲填泥沙形成；④压实填土——按一定标准控制材料成分、密度、含水量，分层压实或夯实而成。

（二）填土勘察的要求

1. 填土勘察的重点内容

（1）收集资料，调查地形和地物的变迁，填土的来源、堆积年限和堆积方式。

（2）查明填土的分布、厚度、物质成分、颗粒级配、均匀性、密实性、压缩性和湿陷性、含水量及填土的均匀性等，对冲填土尚应了解其排水条件和固结程度。

（3）调查有无暗浜、暗塘、渗井、废土坑、旧基础及古墓的存在。

（4）查明地下水的水质对混凝土的腐蚀性和相邻地表水体的水力联系。

2. 填土勘察方法与工作量布置

（1）勘探点一般按复杂场地布置加密加深，对暗埋的塘、浜、沟、坑的范围，应予追索并圈定。勘探孔的深度应穿透填土层。

（2）勘探方法应根据填土性质，针对不同的物质组成，确定采用不同的手段。对由粉土或黏性土组成的素填土，可采用钻探取样、轻型钻具如小口径螺纹钻、洛阳铲等与原位测试相结合的方法；对含较多粗粒成分的素填土和杂填土宜采用动力触探、钻探，杂填土成分复杂，均匀性很差，单纯依靠钻探难以查明，应有一定数量的探井。

（3）测试工作应以原位测试为主，辅以室内试验，填土的工程特性指标宜采用相关测试方法确定：①填土的均匀性和密实度宜采用触探法，并辅以室内试验；②轻型动力触探适用于黏性、粉性素填土，静力触探适用于冲填土和黏性素填土，重型动力触探适用于粗粒填土；③填土的压缩性、湿陷性宜采用室内固结试验或现场载荷试验；④杂填土的密度试验宜采用大容积法；⑤对压实填土（压实黏性土填土），在压实前应测定填料的最优含水量和最大干密度，压实后应测定其干密度，计算压实系数；⑥大量的、分层的检验，可用微型贯入仪测定贯入度，作为密实度和均匀性的比较数据。

（三）填土的岩土工程评价

填土的岩土工程评价应符合下列要求：

第一，阐明填土的成分、分布和堆积年代，判定地基的均匀性、压缩性和密实度，必要时应按厚度、强度和变形特性分层或分区评价。

第二，除了控制质量的压实填土外，一般来说，填土的成分比较复杂，均匀性差，厚度变化大，利用填土作为天然地基应持慎重态度。对堆积年限较长的素填土、冲填土和由建筑垃圾或性能稳定的工业废料组成的杂填土，当较均匀和较密实时可作为天然地基；由有机质含量较高的生活垃圾和对基础有腐蚀性的工业废料组成的杂填土，不宜作为天然地基。

第三，填土的地基承载力，可由轻型动力触探、重型动力触探、静力触探和取样分析确定，必要时应采用载荷试验。

第四，当填土底面的天然坡度大于20%时，应验算其稳定性。

第四节　多年冻土与膨胀岩土的勘察

一、多年冻土的勘察

含有固态水且冻结状态持续两年以上的土，应判定为多年冻土。我国多年冻土主要分布在青藏高原、帕米尔及西部高山（包括祁连山、阿尔泰山、天山等），东北的大小兴安岭和其他高山的顶部也有零星分布。冻土的主要特点是含有冰，保持冻结状态两年以上。多年冻土对工程的主要危害是其融沉性（或称融陷性）和冻胀性。

多年冻土中如含易溶盐或有机质，对其热学性质和力学性质都会产生明显影响，前者称为盐渍化多年冻土，后者称为泥炭化多年冻土。

（一）多年冻土勘察的基本要求

1. 多年冻土勘察的重点

"为避免多年冻土区域对于工程建设的影响，需要在总结分析多年冻土工程地质特性的基础上，做好相关多年冻土区域的地质勘查，以便在工程建设设计及施工过程中避开多年冻土区域。"多年冻土的设计原则有"保持冻结状态的设计""逐渐融化状态的设计"和"预先融化状态的设计"。不同的设计原则对勘察的要求是不同的。多年冻土勘察应根据多年冻土的设计原则、多年冻土的类型和特征进行，并应查明下列内容：

（1）多年冻土的分布范围及上限深度及其变化值，是各项工程设计的主要参数；影响上限深度及其变化的因素很多，如季节融化层的导热性能、气温及其变化，地表受日照和反射热的条件，多年地温等。确定上限深度主要有下列方法：野外直接测定：在最大融化深度的季节，通过勘探或实测地温，直接进行鉴定；在衔接的多年冻土地区，在非最大融化深度的季节进行勘探时，可根据地下冰的特征和位置判断上限深度。用有关参数或经验方法计算：东北地区常用上限深度的统计资料或公式计算，或用融化速率推算；青藏高原常用外推法判断或用气温法、地温法计算。

（2）多年冻土的类型、厚度、总含水量、构造特征、物理力学和热学性质。多年冻土的类型，按埋藏条件分为衔接多年冻土和不衔接多年冻土；按物质成分有盐渍多年冻土和泥炭多年冻土；按变形特性分为坚硬多年冻土、塑性多年冻土和松散多年冻土。多年冻土的构造特征有整体状构造、层状构造、网状构造等。

（3）多年冻土层上水、层间水和层下水的赋存形式、相互关系及其对工程的影响。

（4）多年冻土的融沉性分级和季节融化层土的冻胀性分级。

（5）厚层地下冰、冰锥、冰丘、冻土沼泽、热融滑塌、热融湖塘、融冻泥流等不良地质作用的形态特征、形成条件、分布范围、发生发展规律及其对工程的危害程度。

2. 多年冻土的勘探点间距和深度

多年冻土地区勘探点的间距，除应满足一般土层地基的要求外，尚应适当加密，以查明土的含冰变化情况和上限深度。多年冻土勘探孔的深度，应符合设计原则的要求，应满足下列要求：

（1）对保持冻结状态设计的地基，不应小于基底以下 2 倍基础宽度，对桩基应超过桩端以下 5m；大、中桥地基的勘探深度不应小于 20m；小桥和挡土墙的勘探深度不应小于 12m；涵洞不应小于 7m。

（2）对逐渐融化状态和预先融化状态设计的地基，应符合非冻土地基的要求；道路路堑的勘探深度，应至最大季节融冻深度下 2~3m。

（3）无论何种设计原则，勘探孔的深度均宜超过多年冻土上限深度的 1.5 倍。

（4）在多年冻土的不稳定地带，应有部分钻孔查明多年冻土下限深度；当地基为饱冰冻土或含土冰层时，应穿透该层。

（5）对直接建在基岩上的建筑物或对可能经受地基融陷的三级建筑物，勘探深度可按一般地区勘察要求进行。

3. 多年冻土的勘探测试

（1）多年冻土地区钻探宜缩短施工时间，为避免钻头摩擦生热而破坏冻层结构，保持岩芯核心土温不变，宜采用大口径低速钻进，一般开孔孔径不宜小于 130mm，终孔直径不宜小于 108mm，回次钻进时间不宜超过 5min，进尺不宜超过 0.3m，遇含冰量大的泥炭或黏性土可进尺 0.5m；钻进中使用的冲洗液可加入适量食盐，以降低冰点，必要时可采用低温泥浆，以避免在钻孔周围造成人工融区或孔内冻结。

（2）应分层测定地下水位。

（3）保持冻结状态设计地段的钻孔，孔内测温工作结束后应及时回填。由于钻进过程中孔内蓄存了一定热量，要经过一段时间的散热后才能恢复到天然状态的地温，其恢复的时间随深度的增加而增加，一般 20m 深的钻孔需一星期左右的恢复时间，因此孔内测温工作应在终孔 7 天后进行。

（4）取样的竖向间隔，除应满足一般要求外，在季节融化层应适当加密，试样在采取、搬运、贮存、试验过程中应避免融化；进行热物理和冻土力学试验的冻土试样，取出后应立即冷藏，尽快试验。

（5）试验项目除按常规要求外，尚应根据工程要求和现场具体情况，与设计单位协商后确定，进行总含水量、体积含冰量、相对含冰量、未冻水含量、冻结温度、导热系数、冻胀量、融化压缩等项目的试验；对盐渍化多年冻土和泥炭化多年冻土，尚应分别测定易溶盐含量和有机质含量。

（6）工程需要时，可建立地温观测点，进行地温观测。

（7）当须查明与冻土融化有关的不良地质作用时，调查工作宜在 2~5 月进行；多年冻土上限深度的勘察时间宜在 9、10 月份。

（二）多年冻土的岩土工程评价

多年冻土的岩土工程评价应符合下列要求：

第一，地基设计时，多年冻土的地基承载力，保持冻结地基与容许融化地基的承载力大不相同，必须区别对待。地基承载力目前尚无计算方法，只能结合当地经验用载荷试验或其他原位测试方法综合确定，对次要建筑物可根据邻近工程经验确定。

第二，除次要的临时性的工程外，建筑物一定要避开不良地段，选择有利地段。宜避开饱冰冻土、含土冰层地段和冰锥、冰丘、热融湖、厚层地下冰，融区与多年冻土区之间的过渡带，宜选择坚硬岩层、少冰冻土和多冰冻土地段以及地下水位或冻土层上水位低的地段和地形平缓的高地。

二、膨胀岩土的勘察

含有大量亲水矿物，湿度变化时有较大体积变化，变形受约束时产生较大内应力的岩土，应判定为膨胀岩土。膨胀岩土包括膨胀岩和膨胀土。

（一）膨胀岩土的分布

膨胀土系指随含水量的增加而膨胀，随含水量的减少而收缩，具有明显膨胀和收缩特性的细粒土。膨胀土在世界上分布很广，如印度、以色列、美国、加拿大、南非、加纳、澳大利亚、西班牙、英国等均有广泛分布。在我国，膨胀土也分布很广，如云南、广西、贵州、湖北、湖南、河北、河南、山东、山西、四川、陕西、安徽等省区有不同程度的分布，其中尤以云南、广西、贵州及湖北等省区分布较多，具有代表性。

膨胀土一般分布在二级以上的阶地上或盆地的边缘，大多数是晚更新世及其以前的残坡积、冲积、洪积物，也有新近纪至第四纪的湖相沉积物及其风化层，个别分布在一级阶地上。

（二）膨胀岩土的特征

1. 膨胀土的成分结构特征

膨胀土中黏粒含量较高，常达 35% 以上。矿物成分以蒙脱石和伊利石为主，高岭石含量较少。膨胀土一般呈红、黄、褐、灰白等色，具斑状结构，常含铁、锰或钙质结核。土体常具有网状裂隙，裂隙面比较光滑。土体表层常出现各种纵横交错的裂隙和龟裂现象，使土体的完整性破坏，强度降低。

2. 膨胀岩土的工程地质特征

（1）在天然状态下，膨胀土具有较大的天然密度和干密度，含水率和孔隙比较小。膨胀土的孔隙比一般小于 0.8，含水率多为 17%～36%，一般在 20% 左右。但饱和度较大，一般在 80% 以上。所以这种土在天然含水量下常处于硬塑或坚硬状态。

（2）膨胀土的液限和塑性指数都较大，塑限一般为 17%～35%，液限一般为 40%～68%，塑性指数一般为 18～33。

（3）膨胀土一般为超压密的细粒土，其压缩性小，属中低压缩性土，抗剪强度一般都比较高，但当含水量增加或结构受扰动后，其力学性质便明显减弱。

（4）当膨胀土失水时，土体即收缩，甚至出现干裂，而遇水时又膨胀鼓起，即使在一定的荷载作用下仍具有胀缩性。膨胀土因受季节性气候的影响而产生胀缩变形，故这种地基将造成房屋开裂并导致破坏。

（三）膨胀岩土勘察的基本要求

1. 勘察阶段及各阶段的工作

勘察阶段应与设计阶段相适应，对场地面积不大、地质条件简单或有建设经验的地区，可简化勘察阶段，但应达到详细勘察阶段的要求。对地形地质条件复杂或有成群建筑物破坏的地区，必要时还应进行专门的勘察工作。

（1）选择场址勘察阶段。选择场址勘察阶段应以工程地质调查为主，辅以少量探坑或必要的钻探工作，了解地层分布，采取适量扰动土样，测定自由膨胀率，初步判定场地内有无膨胀土，对拟选场址的稳定性和适宜性做出工程地质评价。

（2）初步勘察阶段。初步勘察阶段应确定膨胀土的胀缩性，对场地稳定性和工程地质条件做出评价，为确定建筑总平面布置、主要建筑物地基基础方案及对不良地质现象的防治方案提供工程地质资料。其主要工作应包括：①工程地质条件复杂并且已有资料不符合要求时，应进行工程地质测绘，所用的比例尺可采用 1：1000～1：5000；②查明场地内不良地质现象的成因、分布范围和危害程度，预估地下水位季节性变化幅度和对地基土的影响；③采取原状土样进行室内基本物理性质试验、收缩试验、膨胀力试验和50kPa压力下的膨胀率试验，初步查明场地内膨胀土的物理力学性质。

（3）详细勘察阶段。详细勘察阶段应详细查明各建筑物的地基土层及其物理力学性质，确定其胀缩等级，为地基基础设计、地基处理、边坡保护和不良地质地段的治理，提供详细的工程地质资料。

2. 勘察方法和勘察工作量

（1）工程地质测绘和调查。膨胀岩土地区工程地质测绘与调查宜采用1∶1000～1∶2000比例尺，应着重研究的内容包括：①查明膨胀岩土的岩性、地质年代、成因、产状、分布以及颜色、节理、裂缝等外观特征及空间分布特征；②划分地貌单元和场地类型，查明有无浅层滑坡、地裂、冲沟以及微地貌形态和植被分布情况和浇灌方法；③调查地表水的排泄和积聚情况以及地下水类型、水位和变化规律，土层中含水量的变化规律；④收集当地降水量、蒸发力、气温、地温、干湿季节、干旱持续时间等气象资料，查明大气影响深度；⑤调查当地建筑物的结构类型、基础形式和埋深，建筑物的损坏部位、破裂机制、破裂的发生发展过程及胀缩活动带的空间展布规律。

（2）勘探点布置和勘探深度。勘探点宜结合地貌单元和微地貌形态布置，其数量应比非膨胀岩土地区适当增加，其中取土勘探点，应根据建筑物类别、地貌单元及地基土胀缩等级分布布置，其数量不应少于全部勘探点数量的1/2；详细勘察阶段，在每栋主要建筑物下不得少于3个取土勘探点。

勘探孔的深度，除应满足基础埋深和附加应力的影响深度外，尚应超过大气影响深度；控制性勘探孔不应小于8m，一般性勘探孔不应小于5m。

（四）膨胀岩土地基承载力的确定

第一，一级工程的地基承载力应采用浸水载荷试验方法确定，二级工程宜采用浸水载荷试验，三级工程可采用饱和状态下不固结不排水三轴剪切试验计算或根据已有经验确定。

第二，采用饱和三轴不排水快剪试验确定土的抗剪强度时，可按国家现行建筑地基基础设计规范中有关规定计算承载力。

（五）膨胀岩工程设计注意事项

第一，对建在膨胀岩土上的建筑物，其基础埋深、地基处理、桩基设计、总平面布置、建筑和结构措施、施工和维护，应符合现行国家标准《膨胀土地区建筑技术规范》的规定。

第二，对边坡及位于边坡上的工程，应进行稳定性验算；验算时应考虑坡体内含水量变化的影响；均质土可采用圆弧滑动法，有软弱夹层及层状膨胀岩土应按最不利的滑动面验算；具有胀缩裂缝和地裂缝的膨胀土边坡，应进行沿裂缝滑动的验算。

坡地场地稳定性分析时，考虑含水量变化的影响十分重要，含水量变化的原因有：挖方填方量较大时，岩土体中含水状态将发生变化；平整场地破坏了原有地貌、自然排水系统和植被，改变了岩土体吸水和蒸发；坡面受多向蒸发，大气影响深度大于平坦地带；坡地旱季出现裂缝，雨季雨水灌入，易产生浅层滑坡；久旱降雨造成坡体滑动。

第三章 岩土工程的防护技术与爆破

第一节 岩土边坡的防护

"对边坡进行治理工作是做好岩土工程的关键所在。对于边坡的防护治理来说，实施坡面的防护、支挡的防护以及对锚杆进行加固的防护等技术，都能对边坡的防护起到强化的效果。"

一、坡面防护

（一）干砌片石与浆砌片石防护

干砌片石适用于较缓（缓于 1∶1.25）的有严重剥落的软质岩层边坡，用于防护沿河路基受到水流冲刷等有害影响的部位，边坡坡度应符合路基边坡的稳定要求，一般为 1∶1.5 干砌片石防护工程不宜用于水流流速大于 3m/s 的边坡。单层干砌片石护坡厚度为 0.15~0.25m，双层铺砌护坡的上层 0.25~0.35m，下层为 0.15~0.25m。铺砌层的底应设垫层，垫层材料一般常为碎、砾石或砂砾混合物等。所用石料应是未风化的坚硬岩石，其容重一般不小于 20kN/m。

（二）喷射混凝土防护

喷射混凝土是借助喷射机械，利用压缩空气或其他动力，将按一定比例配合的拌和料，通过管道输送并以高速喷射到受喷面上凝结硬化形成一定厚度的防护层。喷射混凝土一般选用不低于 425 号的硅酸盐水泥，用砂宜选用细度模数大于 2.5 的中粗砂，骨料选取级配不间断且最大颗粒粒径不宜大于 20mm，用于喷射混凝土的外加剂有速凝剂（2%~3%）、减水剂（0.5%~1%）、引气剂和增黏剂等。

在坡面进行喷射混凝土前，应清理防护岩面风化的浮石及松动的岩石，用高压水冲洗坡面，并使岩面保持一定湿度。喷射混凝土施工前应先确定喷射混凝土的施工工艺及混凝土的配合比、选择使用的喷射机具。喷射混凝土前应先进行试喷、调整回弹量、确定混凝土的配合比及施工操作程序。喷射混凝土混合料配合比应符合水泥与集料的质量比，宜为

1：4~1：4.5，砂率宜为45%~55%，水灰比宜为0.40~0.45。速凝剂掺量应通过试验后确定。混合料宜随拌随用，不掺速凝剂时，存放时间不应超过2h，掺速凝剂时，存放时间不应超过20min。混合料在运输、存放过程中，应严防雨淋、滴水及大块石等杂物混入，在装入喷射机前应过筛。喷射时，应保持混凝土表面平整，呈湿润光泽，无干斑或滑移流淌现象。喷射后，当采用普通硅酸盐水泥时，养护应不少于10d；当采用矿渣硅酸盐水泥或火山灰硅酸盐水泥时，养护不得少于14d，喷层周边与未防护坡面的衔接处应做好封闭处理。

喷锚网加固防护是靠锚杆、钢筋网和混凝土共同工作来提高边坡岩土的结构强度和抗变形刚度，减小岩体侧向变形，增强边坡的整体稳定性。主要适用于坚硬岩体，且节理发育、局部风化严重、易受自然营力影响导致大面积碎落或局部小型崩塌、落石的岩质边坡以及岩性较差、强度较低、易于风化的岩石边坡。喷锚网加固防护中锚杆一般采用Φ5mm钢筋，挂网采用Φ6mm钢筋做成200mm或250mm的方框，用Φ2mm铁丝捆扎成网与锚杆连在一起固定。

钢纤维喷射混凝土是借助喷射机械，并利用高压，将按一定比例配合的拌和料，通过管道输送并以高速喷射到需要支护加固的表面上凝结硬化而成的一种钢纤维混凝土。钢纤维喷射混凝土与现浇钢纤维混凝土相比，施工简便易行，省去支模、浇筑和拆模等工序，使混凝土的输送、浇筑和捣实合为一道工序，节省了人力，缩短了工期。钢纤维喷射混凝土密度高，强度和抗渗性较好，节约混凝土。工作简单、机动灵活，有较广的适应性。常用的钢纤维直径为0.25~0.4mm，长度为20~30mm，长径比一般为60~100，水泥采用425号普通硅酸盐水泥，用量为每立方米混凝土400kg，粗骨料最大粒径一般为15mm，配合比为水泥：砂：石子＝1：2：2，钢纤维掺量为每立方米混凝土80~100kg。这种复合材料弥补了喷混凝土脆裂的缺陷，改善了其力学性能，使其抗弯强度提高40%~70%，抗拉强度提高50%~80%。

二、坡顶加固防护

对于开挖风化岩质边坡或自然岩质边坡可能形成落石、崩塌等的危岩体，视其规模大小、危险程度、裂隙分布和组合特征等可分别采用勾缝、嵌补、灌浆、锚杆、锚索、支垛、支撑等措施进行加固防护。一般对于规模不大的危岩体如果有清除条件可以清除，无清除条件可以采用钢钎插入加固、嵌补等措施，对于大型危岩体或者倒悬的危岩体可采用锚固、支顶等措施。

三、拦挡遮蔽工程防护

在一些风化破碎的岩质边坡上通常有崩塌飞石、松散风化层、大规模滑塌体或顺层滑动体等，对道路或构筑物造成很大的威胁，通常采用抗滑挡墙、锚固桩、棚洞、明洞等大型拦挡遮挡工程。

设计这些工程时，除需要了解边坡上可能发生变形破坏危岩体的范围、规模外，对滑坡破坏的岩体尚须了解其有关参数及滑坡推力；对崩塌体则应了解其可能的冲击力等，以便根据地形、地质和施工条件等做出相应的设计。

落石防护的有关计算主要有落石速度、落石运动轨迹等的计算。影响落石速度的主要因素为山坡坡度和落石的高度，其他影响的因素还有石块的大小和形状、山坡的起伏度和植被情况、覆盖层的厚薄和特征。

四、柔性防护技术

（一）SNS 防护系统

柔性防护技术简称 SNS 防护系统，是工程防护和植物防护有机结合的一种新型支护手段。柔性防护技术对地形要求低，对坡面破坏小，能够保留坡面原有的植物。自 20 世纪 90 年代中期传入我国，这项技术已经得到广泛的应用。SNS 防护系统通过以下三种方式防治岩土体浅表层边坡的滑动：表面覆盖加固、对坡面进行覆盖来控制落物的运动方式及在落物运动路途中加以拦截。

SNS 边坡柔性防护系统是以钢丝绳网为主要特征构件，分为主动防护系统和被动防护系统两种基本形式来防治各类坡面地质灾害和爆破飞石、坠物等危害的柔性安全防护系统。

SNS 防护体系以钢绳网为主体，使其与传统的刚性防护体系相比具有很好的整体性、柔性和易于铺展的特性。SNS 防护系统对地形地貌有很好的适应性，易于铺展，对地形地貌破坏较小，对地貌原有的植物或建筑破坏较小或不破坏，甚至可以在防护体系上做绿化。SNS 防护体系的各种构件已经标准化，能够批量生产，降低了材料的成本，施工快捷、量小，工期较短。

（二）主动防护系统

主动防护系统采用钢丝绳锚杆或钢筋锚杆和支撑绳固定方法将金属柔性网覆盖在具有

潜在地质灾害的坡面上，从而实现坡面加固的一种防护网。柔性防护网的柔性特征能使系统将局部集中荷载向四周均匀传递以充分发挥整个系统的防护能力，即局部受载，整体作用，从而使系统能承受较大的荷载并降低单根锚杆的锚固力要求。此外，由于系统的开放性，地下水可以自由排泄，避免了由于地下水压力的升高而引起的边坡失稳问题。还能抑制边坡遭受进一步的风化剥蚀，且对坡面形态特征无特殊要求，不破坏和不改变坡面原有地貌形态和植被生长条件，其开放特征给随后或今后有条件有需要时实施人工坡面绿化保留了必要的条件，绿色植物能够在其开放的空间上自由生长，植物根系的固土作用与坡面防护系统融为一体，从而抑制坡面破坏和水土流失，反过来又保护了地貌和坡面植被，实现最佳的边坡防护和环境保护目的。

主要特征构成分为钢丝绳网、钢丝格栅和高强度钢丝格栅三类，前两者通过钢丝绳锚杆和支撑绳固定方式，后者通过钢筋（可施加预应力）和钢丝绳锚杆（有边沿支撑绳时采用）、锚垫板以及必要时加边沿支撑绳等固定方式，将作为系统特征构成的柔性网覆盖在有潜在地质灾害的坡面上，从而实现起防护目的。主动网按其防护功能、防护能力、特征构成和机构形式的不同分为四类八种型号。

（三）被动防护系统

SNS 柔性被动防护由钢丝绳网或环形网（须拦截小块落石时附加一层钢丝格栅）、固定系统（锚杆、拉锚绳、基座和支撑绳）、减压环和钢柱四个主要部分构成，钢柱和钢丝绳网连接组合构成一个整体，对所防护的区域形成面防护，柔性和拦截强度足以吸收和分散传递 500kJ 以内的落石冲击动能，减压环的设计和采用使系统的抗冲击能力得到进一步提高，从而阻止崩塌岩石土体的下坠，起到边坡防护作用。被动系统根据其防护能量、结构形式和特征构成的不同分为三类。

（四）施工安装及维护

1. 清坡

在多数情况下，清坡工作并不是必需的，但以下两种情况是需要加以考虑的：当坡面上特别是施工人员的活动范围内存在浮土或浮石时，对可能因施工活动引起崩塌、滚落而威胁施工安全的，宜予清除或就地临时处理。对坡面上存在的将来发生崩塌可能性很大的个别孤危石，若它（们）的崩落可能带来系统的大量维护工作需要甚至超过系统的防护能力，则宜对其进行适当的加固处理或予以事先清除。

2. 放线

尽管定型化标准结构锚杆位置等是有尺寸限制的，但也有一定的允许调整范围，特别是对于锚杆来讲，其位置的确定具有更大的灵活性。此外，现场条件本身是非常复杂的，在设计图纸上不可能会得到完全反映，特别是一些可以加以利用或须特别注意的细部特征。放线测量确定锚杆孔位（根据地形条件，孔间距可有 0.3m 的调整量），并在每一孔位处凿一深度不小于锚杆外露环套长度的凹坑，一般口径 20cm，深 15cm。

3. 基础施工

该项工作主要是为了保证锚杆的锚固能力，因此，对本身为基岩或坚硬岩土的位置，就具体化为锚杆孔的钻凿，而对不能直接成孔的松散岩土体位置，则可能包括基坑开挖、混凝土基础浇筑。按设计深度钻凿锚杆孔并清孔，孔深应比设计锚杆长度长 5cm 以上，孔径不小于 45mm；当受凿岩设备限制时，构成每根锚杆的两股钢绳可分别锚入两个孔径不小于 35mm 的锚孔内，形成人字形锚杆，两股钢绳间夹角为 15~30°，以达到同样的锚固效果。

4. 锚杆安装

对直接成孔的锚杆位置，锚杆采用灌注砂浆方式安装，对采用混凝土基础的地方，锚杆一般在浇筑基础混凝土的同时直接埋设。注浆并插入锚杆（锚杆外露环套顶端不能高出地表，且环套段不能注浆，以确保支撑绳张拉后尽可能紧贴地表），采用不低于 M20 水泥砂浆，孔内应确保浆液饱满，在进行下一道工序前注浆体养护不少于 3d。

5. 支撑绳安装与调试

安装纵横向支撑绳，张拉紧后两端各用 2~4 个（支撑绳长度小于 15m 时为 2 个，大于 30m 时为 4 个，其间为 3 个）绳卡与锚杆外露环套固定连接。

6. 钢强网铺挂与缝合

从上向下铺设钢绳网并缝合，缝合绳为钢丝绳，每张钢绳网均用一根长约 31m（或 27m）的缝合绳与四周支撑绳进行缝合并预张拉，缝合绳两端用两个绳卡与网绳进行固定连接。

第二节　土质边坡的防护

一、植物防护

边坡由于坡度的存在导致降水时雨水具有一定的冲蚀作用，导致土质边坡冲刷流失和冲蚀溜坍等破坏，长期的日晒和冰冻加速岩土表层的风化剥落。因此，对土质边坡防护主要是对表层松散土层进行加固，目前最经济有效的方法是在坡面上植树种草，植物根系可以有效地固土吸水。

降雨对坡面的侵蚀作用有三个过程：首先是雨滴击溅侵蚀；进而形成片状水流侵蚀；最后在水流集中处出现细沟侵蚀，其中以细沟侵蚀的破坏作用最强。经人工降雨试验，在历时 30min 强度为 0.8~1.3mm/min 的暴雨下，有密铺草皮的边坡径流量有所减少，因冲蚀产生的泥沙量减少 98%。雨滴落下时的溅蚀作用和细流的冲刷大为减弱，有一种消能作用和茎叶的截留、分流作用，以及根部对边坡的加筋作用。但雨水渗入有所增加，表土的含水量加大，不过能较快地被根部吸收及蒸发。植被能保持坡面有一定的湿度，又能避免含水量过高，斜坡在植物根系的作用下相当于土中加筋，其抗剪强度可提高 30%~65%，黏聚力值可提高 1 倍左右。植草方法如下：

（一）条播法

在整理边坡时，将草籽与土肥混合料按一定间距呈水平条状铺在夯土层上，宽约 10cm，然后盖土再夯，并洒水拍实。单播只用一种草籽，混播用几种草籽混合，使根系、植被、出苗率为最优。禾豆科和禾本科草籽混种，因有豆科植物根瘤固氮，为禾本科草皮提供氮素，使其生长旺盛形成两种茎叶的配合，提高了水土保持的能力。但混播和自然草坡一样，植被生长参差不齐影响景观。

草皮在 5℃ 以下停止生长，10℃ 以下基本不发芽，另在高温季节水分蒸发太快，草皮易于干枯，故在此期间均不宜播种。

（二）喷洒法

每 1m² 须用草籽 10~21g、肥料 75g、纤维 0.15g 和水 5kg，搅拌 10min 形成均匀的草籽稀浆，由喷射机喷射于坡面上；或第一层先喷肥土，第二层再喷洒种子。为保护草籽不被冲蚀，可在喷有草籽的坡面上喷洒一层防侵蚀剂，在干旱和风沙地区尤宜。

二、混凝土网格内植草护坡

在坡度较陡的土质边坡上一般采用混凝土网格内植草护坡。网格框架制作有多种做法，网格形状和尺寸根据具体工程确定，有正方形、菱形、拱形、人字形、六边形等，框架内种植草类植物。

第三节　岩土爆破工程及安全

一、爆破作用原理

岩石爆破作用原理是现代爆破技术的理论基础,也是各种爆破新工艺和新方法发展的理论依据。由于岩石是一种非均质、各向异性的介质,爆炸本身又是一个高温、高压、高速的变化过程,炸药对岩石破坏的整个过程在几十微秒到几十毫秒内就完成了,因此研究岩石爆破作用机理是一项非常复杂和困难的工作。随着爆破理论研究的深入、相关科学发展的影响以及测试技术的进步,加之各类工程对爆破规模和质量要求的不断提高,极大促进了岩石爆破作用原理的研究,随着一些新的学说和理论体系的建立,出现了很多计算模型和计算公式。尽管这些理论成果还有待完善,但它们基本上反映了岩石爆破作用中的基本规律,对爆破实践具有一定的指导意义和应用价值。

(一)岩石爆破破坏基本理论

关于岩石等脆性介质爆破破碎的机理有多种理论和学说,按其基本观点有爆生气体膨胀压力作用理论、爆炸应力波反射拉伸作用理论以及爆生气体和应力波综合作用理论。

1. 爆生气体膨胀压力作用理论

爆生气体膨胀压力作用理论认为,炸药爆炸所引起脆性介质(岩石等)的破坏,主要是由于爆生气体的膨胀压力做功的结果。炸药爆炸时,爆生气体迅速膨胀,对炮孔壁作用一个极高的压力,在炮孔周围介质中形成一个压应力场,使介质质点发生径向位移。如果由径向位移衍生出来的切向拉应力超过介质的抗拉强度,则在岩石等介质中产生径向裂隙。如果在药包附近有自由面存在,则介质移动的阻力在最小抵抗线方向上最小,而质点移动的速度最大。在阻力不等的不同方向上,质点移动的速度不同,从而引起剪切应力。如果该剪应力超过了介质的抗剪强度,则介质将发生剪切破坏。因此,若药室中的爆生气体压力还足够大,则破碎岩块将沿径向方向抛掷出去。

爆生气体膨胀压力作用理论只强调爆生气体压力的准静态作用而忽视应力波对介质的动作用,这是不符合实际的。例如,当用外敷药包炸大块孤石时,仍能使岩石发生破碎。此时,由于爆生气体的膨胀几乎不受限制,故其对破岩所起的作用几乎可以忽略。这时若用爆生气体压力破坏理论来解释岩石发生破坏的原因,就显得不太全面了。

2. 爆炸应力波反射拉伸作用理论

爆炸应力波反射拉伸作用理论以爆炸动力学为基础，认为应力波是引起岩石破碎的主要原因。爆轰波在岩壁中激发形成冲击波并很快衰减为应力波。此应力波在周围岩体内形成裂隙的同时向前传播，当应力波传到自由面时，产生反射拉应力波。当拉应力波的强度超过自由面处岩石的动态抗拉强度时，从自由面开始向爆源方向产生拉伸片裂破坏，直至拉伸波的强度低于岩石的动态抗拉强度处时停止。

爆炸应力波反射拉伸作用理论虽能解释实际工程中出现的一些现象（如爆破时在自由面处常发现片裂、剥落等现象），但忽视了爆生气体的破坏作用，对拉应力和压应力的环向作用也未考虑。实际上爆破漏斗的形成主要是由里向外的爆破作用所致。

3. 爆生气体和应力波综合作用理论

爆生气体和应力波综合作用理论认为，反射拉应力波和爆生气体压力都是引起介质破坏的重要原因，两者之间既密切相关又互有影响，它们分别在介质破坏过程中的不同阶段起着重要作用。一般来说，炸药对介质的破坏首先是爆炸应力波的动作用，然后是爆生气体压力的静作用。爆轰波波阵面的压力和传播速度大大高于爆生气体产物的压力和传播速度。爆轰波首先作用于药包周围的岩壁上，在岩石中激发形成冲击波并很快衰减为应力波。冲击波在药包附近岩石中产生"压碎"现象，应力波在压碎区域之外产生径向裂隙。随后，爆生气体产物压缩被冲击波压碎的岩石，爆生气体"楔入"在应力波作用下产生的裂隙中，使之继续延伸和进一步扩张。当爆生气体的压力足够大时，爆生气体将推动破碎岩块做径向抛掷。对于不同性质的岩石和炸药，应力波与爆生气体的作用程度是不同的。在坚硬岩石、高猛炸药、耦合装药或装药不耦合系数较小的条件下，应力波的破坏作用是主要的；在松软岩石、低猛度炸药、装药不耦合系数较大的条件下，爆生气体的破坏作用是主要的。

爆生气体和应力波综合作用理论对介质爆破破坏所做的解释较为符合实际情况，因而为大多数研究者接受。

（二）单个药包爆破作用

1. 爆破的内部作用

当药包在岩石中的埋置深度很大，其爆破作用达不到自由面，也就是说炸药爆炸在自由面上看不到爆破的迹象，爆破作用只发生在介质内部，这种情况下的爆破作用称为爆破的内部作用，相当于单个药包在无限介质中的爆破作用。岩石的破坏特征随其离药包中心距离的变化而发生明显的变化。根据岩石的破坏特征，可将耦合装药条件下受爆炸影响的岩石分为三个区域，即粉碎区、裂隙区和震动区。

（1）粉碎区（压缩区）。这个区是指直接与药包接触的岩石。当密闭在岩体中的药包爆炸时，爆轰压力在数微秒内就能迅速上升到几千甚至几万兆帕，并在此瞬间急剧冲击药包周围的岩石，在岩石中激发起冲击波，其强度远远超过岩石的动态抗压强度。在冲击波的作用下，对于坚硬岩石，在此范围内受到粉碎性破坏，形成粉碎区；对于松软岩石（如页岩、土壤等），则被压缩形成空腔，空腔表面形成较为坚实的压实层，这种情况下的粉碎区又称为压缩区。虽然粉碎区的范围不大，一般为药包半径的 2~5 倍，但由于岩石遭到强烈粉碎，能量消耗很大。为了充分利用炸药的爆炸能，应尽可能控制或减少粉碎区的形成。

（2）裂隙区（破裂区）。在粉碎区形成的同时，岩石中的冲击波衰减成压应力波。在应力波的作用下，岩石在径向产生压应力和压缩变形，而切向方向将产生拉应力和拉伸变形。由于岩石的抗拉强度远小于其抗压强度，当切向拉应力大于岩石的抗拉强度时，该处岩石被拉断，形成与粉碎区贯通的径向裂隙。

随着径向裂隙的形成，作用在岩石上的压力迅速下降，药室周围的岩石随即释放出在冲击波压缩过程中积蓄的弹性变形能，形成与压应力波作用方向相反的拉应力，使岩石质点产生反方向的径向运动。当径向拉应力大于岩石的抗拉强度时，该处岩石即被拉断，形成环向裂隙。

在径向裂隙和环向裂隙形成的过程中，由于径向应力和切向应力的作用，还可形成与径向成一定角度的剪切裂隙，这些是爆炸应力波的动作用破坏的结果。应力波作用在岩石中首先形成了初始裂隙，接着爆生气体的膨胀、挤压和尖劈作用使初始裂隙进一步延伸和扩展。当应力波的强度与爆生气体的压力衰减到一定程度后，岩石中裂隙的扩展趋于停止。在应力波和爆生气体的共同作用下，随着径向裂隙、环向裂隙的形成、扩展和贯通，在紧靠粉碎区处就形成了一个裂隙发育的区域，称为裂隙区（破裂区）。其作用半径较粉碎区大，一般为药包半径的 70~120 倍。

（3）震动区。炸药爆炸所产生的能量在粉碎区和裂隙区内消耗了很多，在裂隙区外围的岩石中，应力波和爆生气体的能量已不足以对岩石造成破坏，只能引起该区域内岩石质点发生弹性振动，直到弹性振动波的能量完全被岩石吸收为止。该区域的范围比前两个大得多，称为震动区。在震动区，有可能诱发附近地面或地下建筑物的破裂、倒塌，或导致路堑边坡滑坡，隧道片帮、冒顶等灾害。

2. 爆破的外部作用

（1）爆破漏斗及其形成。当单个药包在岩体中爆炸产生外部作用时，除了将岩石破坏以外，还会将部分破碎了的岩石抛掷，在地表（自由面）形成一个倒圆锥形凹坑，称为爆破漏斗。

炸药包爆炸后，首先是产生的爆炸冲击波径向压缩岩体，引起切向拉应力，产生径向裂隙；当应力波达到地表面（自由面）时，反射生成的拉伸应力波在超过岩石的动抗拉强度时，地表面（自由面）出现片落，而受压处于高应力状态的岩体此时出现卸载，在岩体内产生极大的拉伸应力，形成了大量环状裂隙。之后，具有高温高压的爆炸气体沿着已有裂隙膨胀扩展，当裂隙伸展达到地表（自由面）时，爆炸气体裹挟部分已破碎的岩石抛出，从而形成了爆破漏斗。

（2）爆破漏斗的几何参数及爆破作用指数。主要包括以下六点。①最小抵抗线是指自药包中心到自由面的最短距离。爆破时，最小抵抗线方向的岩石最容易破坏，它是爆破作用和岩石抛掷的主导方向。②爆破漏斗半径是指形成倒锥形爆破漏斗的底圆半径。③爆破漏斗破裂半径（作用半径）是指从药包中心到爆破漏斗底圆周上任一点的距离，表示地表破坏范围的大小。④爆破漏斗深度是指爆破漏斗顶点至自由面的最短距离。⑤爆破漏斗可见深度是指爆破漏斗中渣堆表面最低点到自由面的最短距离。⑥爆破漏斗张开角是指爆破漏斗的顶角，表示爆破漏斗的张开程度。

（三）成组药包爆破作用

在实际工程爆破中常采用成组药包爆破。成组药包爆破是单个药包爆破的组合，其应力分布变化和岩石破坏过程要比单药包爆破时复杂得多，因此，研究成组药包的爆破破坏机理对于合理选择爆破参数以达到预期爆破效果具有重要的指导意义。

1. 单排成组药包齐发爆破

对单排多药包齐发爆破，可以相邻两药包齐发爆破时的特征类推。

当相邻两药包齐发爆破时，在最初几微秒时间内应力波以同心球状从各起爆点向外传播。经过一定时间后，相邻两药包爆轰引起的应力波相遇，并产生相互叠加，出现复杂的应力波状态，应力重新分布，沿炮孔连心线的应力得到加强，而炮孔连心线中段两侧附近则出现应力降低区。

炮孔连心线上应力加强的原因如下：

（1）来自两孔的压缩应力波将在两线中点相遇，在连线方向上产生应力叠加，其切向拉应力加强，有助于形成连线裂隙。

（2）炮孔内爆生气体的准静态压力作用，使两炮孔各自在连线方向上产生切向伴生拉应力，由于炮孔的应力集中，产生的切向伴生拉应力在炮孔壁炮孔连线方向上最大，因此裂隙将由孔口开始向炮孔连线发展，使两炮孔沿中心连线断裂。

（3）来自炮孔的压缩应力波遇到自由面反射后，反射拉伸应力叠加，也将使两个装药炮孔连线上的拉应力增大，使得炮孔连线处容易被拉断。

2. 多排成组药包齐发爆破

多排成组药包齐发爆破所产生的应力波相互作用的情况更为复杂。在前后排各两个炮眼所构成的四边形岩石中，从各炮眼药包爆轰传播过来的应力波互相叠加，造成应力极高的状态，因而使岩石破碎效果得到改善。然而另一方面，多排成组药包齐发爆破时，爆破自由面不够充分，因而受到较大的夹制作用。正是因为如此，多排成组药包的齐发爆破效果不好。在多排成组药包爆破时，采用迟发爆破较好，尤其采用微差起爆技术可以获得良好的爆破效果。

二、岩土爆破工程施工与安全

爆破工程施工前，应根据爆破设计文件要求和场地条件，对施工场地进行规划，制定施工安全与施工现场管理的各项规章制度，并开展施工现场清理与准备工作。

爆破前应对爆区周围的自然条件和环境状况进行调查，了解危及安全的不利环境因素，并采取必要的安全防范措施。爆破作业场所如有这些情形之一时，不应进行爆破作业：①距工作面20m以内的风流中瓦斯含量达到1%或有瓦斯突出征兆的；②爆破会造成巷道涌水、堤坝漏水、河床严重阻塞、泉水变迁的；③岩体有冒顶或边坡滑落危险的；④硐室、炮孔温度异常的；⑤地下爆破作业区的有害气体浓度超过规程规定的；⑥爆破可能危及建（构）筑物、公共设施或人员的安全而无有效防护措施的；⑦作业通道不安全或堵塞的；⑧支护规格与支护说明书的规定不符或工作面支护损坏的；⑨危险区边界未设警戒的；⑩光线不足、无照明或照明不符合规定的；⑪未按标准要求做好准备工作的。

露天和水下爆破装药前，应与当地气象、水文部门联系，及时掌握气象、水文资料，遇到这些恶劣气候和水文情况时，应停止爆破作业，所有人员应立即撤到安全地点：①热带风暴或台风即将来临时；②雷电、暴雨雪来临时；③大雾天，能见度不超过100m时；④现场风力超过8级，浪高大于1.0m时，水位暴涨暴落时。

（一）钻孔爆破施工

钻孔爆破是借助钻孔机械和钻具钻凿岩石进行的爆破作业，是目前广泛采用的方法，适用于各种硬度的岩石。钻孔爆破施工包括布孔、钻孔、验孔、装药、堵塞、警戒、连线起爆和爆后检查等工序。任何一个环节不符合要求都可能影响爆破效果和带来安全危害，必须引起施工人员的重视。

1. 布孔

按照爆破设计中的布孔图，在爆区内定出各炮孔位置，并标明钻孔方向、孔深。孔位应避免布置在节理发育或裂隙区以及岩性变化大的地方。

2. 钻孔

通常爆破工程中将直径小于或等于 50mm，深度小于或等于 5m 的炮孔称为浅孔或浅眼；直径大于 50mm，深度大于 5m 的炮孔称为深孔。钻凿浅孔最常用的钻孔机械是手持式带气腿的凿岩机；钻凿深孔的钻孔机械以导轨式凿岩机、潜孔钻机、钻车和牙轮钻机为主。对位顺序按照先难后易、先边后中、先前后后的原则钻孔，避免钻机移动时压坏已钻好的炮孔。凿岩的基本操作方法是软岩慢打，硬岩快打；在操作过程中做到一听、二看、三检查。一听指听钻孔声音判断孔内情况；二看指看风压表、电流表是否正常；三检查是指检查机械、检查风电、检查孔内故障。湿式凿岩，不打干孔。

3. 验孔

检查炮孔实际深度、倾角、孔距、排距及最小抵抗线，看是否与原设计一致。若炮孔深度不够，应在附近重新补孔。若出现堵孔现象，可用长柄掏勺掏出眼内留有的岩渣，再用布条缠在掏勺上，将眼内的存水吸干。或用压气管通入眼底，利用压气将眼内的岩渣和水分吹出。

4. 装药

装药前应对作业场地、爆破器材堆放场地进行清理，装药人员应对准备装药的全部炮孔进行检查，若炮孔内有堵塞物、塌陷、积水等情况，要进行必要的清理。装药前应核对孔深、每孔的炸药品种、数量和雷管级别，制作好起爆药包。装药时，起爆药包可放置在装药段的上部、中部或下部，通常多置于距孔底 1/4 或 3/4 装药段长度处。装药时，应一边装药一边用木质或竹质炮棍捣紧，防止炸药堵在炮孔内。采用装药车、装药器装药时应遵守下列规定：输药风压不超过额定风压的上限值；不许用不良导体垫在装药车下面；拔管速度应均匀，并控制在 0.5m/s 以内；返用的炸药应过筛，不得有石块和其他杂物混入。

5. 堵塞

炮眼装药后眼口未装药部分应该用堵塞物进行堵塞。良好的堵塞可以提高炸药的爆轰性能，使炮眼内的炸药反应完全而产生较高的爆轰压力，还能阻止爆生气体产物过早地从炮眼口冲出，提高爆炸能量的利用率。堵塞物多用黏土、砂子或岩粉、尾矿砂等。不应使用石块和易燃材料填塞炮孔。填塞作业应避免夹扁、挤压和拉扯导爆管、导爆索，并应保护雷管引出线。堵塞长度应符合设计要求，一般不得小于最小抵抗线。

6. 警戒

装药警戒范围由爆破技术负责人确定，装药时应在警戒区边界设置明显标志并派出岗哨。爆破警戒范围由设计确定。在危险区边界，应设有明显标志，并派出岗哨。禁止人员、设备、车辆进入警戒范围内。警戒人员要注意自身避炮位置安全、可靠。爆破后经检查确认安全，经爆破负责人许可后方可撤除警戒。

7. 连线起爆

在装药、堵塞全部完成后进行连线作业，连接起爆网路应严格按照设计要求进行，不得任意更改。连接作业应从爆破工作面最远端开始，逐段向起爆点后退进行，所有接头都须绑扎牢固，电爆网路的接头应用绝缘胶布封包，避免出现接地情况。

在对前述各项工作进行全面复查后，若无任何问题，即可发出第一次爆破信号，以示准备起爆，待起爆准备就绪后，发出第二次信号，随即实行起爆。爆后经检查无任何安全问题时，发出第三次信号，爆破警报解除。

8. 爆后检查

爆后必须对爆破现场进行检查，现场检查应指派有经验的人员担任，在起爆后待爆破岩体或建（构）筑物塌落稳定后才准进入工作面。检查内容主要有：是否存在盲炮及残留爆破器材；露天爆破爆堆是否稳定，有无危坡、危石；爆破对周围设备及建筑物的影响情况；地下爆破有无冒顶、危岩，支撑是否破坏等。发现问题应立即划定危险范围，设置标志，专人看守，同时报告爆破负责人，制订处理方案，派专人处理。

（二）硐室爆破施工

硐室爆破是指采用集中或条形硐室（药室）装填药包，爆破开挖岩石的作业。硐室爆破的装药空间比钻孔爆破大得多，一次起爆装药量高达几吨至几千吨，甚至上万吨，通常被称为大爆破。硐室爆破施工具有药室坐标位置精度要求高，炸药用量多，导硐、药室开挖工作量大，爆破影响范围大等特点。

1. 导硐和药室的布置与开挖

导硐和横巷是药室联系外界的通道，是开挖药室的必要施工道路；药室则是装炸药的场所，其大小与位置要按设计要求来施工。硐口岩石边坡稳定，无冲沟切割，避免雨水集流硐口，要注意加强硐口支护。导硐坡度应倾向硐口，便于自行排水和出渣。导硐断面应根据爆破规模大小及装药与堵塞的施工方法来确定。除爆破规模特小、装药量不多、导硐长度不大的情况外，一般要求导硐高度要满足施工人员正常站立的工作条件。若爆破规模较大，采用机械直接运送炸药至药室装填时，导硐截面应与施工机械作业要求相适应。

硐室开挖一般采用浅孔爆破法。导硐（小井）掘进每循环进深在 5m 以内。掘进通过岩石破碎带时，应加强支护。掘进中地下水过大时，应设临时排水设施。硐室开挖过程中要始终重视测量定位工作，包括导硐进口定位、硐室掘进测量、爆破效果测量、药室最小抵抗线校核测量等。

2. 导硐和药室的竣工验收

硐室开挖完工时应进行验收。验收前应把导硐口 0.7m 范围内的碎石、杂物清除干净，并检查支护情况。应清除导硐和药室中一切残存的爆破器材、积渣和导电金属。检查井、巷、药室的顶板和边壁，发现药室顶板、边壁不稳固时，应加强支护。如采用电爆网路起爆，应在硐内检测杂散电流且其值不应大于 30mA，否则应采取相应措施。药室竣工资料中应详细注明药室的几何尺寸、容积、中心坐标、影响药室爆破效果的地质构造及其与药室中心、药包最小抵抗线的关系等数据。经测量药室中心坐标的误差不应超过 ±30cm，药室容积不应小于设计要求。

3. 药包布设

硐室爆破的药包形式有集中药包和条形药包。硐室爆破的每个药室内可采用一个或多个起爆药包，其质量为该药室装药量的 1%～2%，单个药包重量不超过 20kg。

起爆药包对称放置于药室中心，以使起爆的爆轰波能同时到达药室边缘各点。当一个药室内同时布设多个起爆药包时，除其中一个或两个起爆药包直接接入起爆网路外，其余各起爆药包均用导爆索连接于主起爆药包上。

4. 装炸药

每个药室要有专人负责，对事先准备好的药室炸药品种、数量进行核对。装药过程中硐内应加强通风。装散装炸药时，作业人员要轮换，以防中毒。装药应由爆破员在工作面操作或指挥，严格按设计分解图规定的数量（袋数）整齐紧密码放。装药过程中，爆破技术人员或爆破工作负责人，应随时检查、核实各硐室炸药数量和起爆体雷管段别以及安放位置、连接是否正确。装药时可使用 36V 以下的低压电源照明，照明灯应加保护网，照明线路应绝缘良好，电灯与炸药堆之间的水平距离不应小于 2m；电雷管起爆体装入药室前，应切断一切电源，拆除一切金属导体，可改为安全矿灯或绝缘手电筒照明。

5. 填塞

每个药室装药完成后均应进行验收，记录装药和起爆网路连接情况，然后才允许进行填塞作业。

硐室爆破填塞工作应由爆破技术负责人在工作面指挥，应用开挖石渣做填塞料，填塞应整齐、严密，不得有空顶，不得以任何方式减少填塞长度。填塞时应保护好硐内敷设的起爆网路。硐内有水时应在硐底留排水沟并保持排水通畅。填塞过程应检查质量，填塞完成后应验收、记录。

6. 连线与起爆

敷设起爆网路应由爆破技术人员和熟练爆破工实施，按从后爆到先爆、先里后外的顺序连线，连线应双人作业，一人操作，另一人监督、测量、记录，严格按设计要求敷设。电爆网路应设中间开关。硐室爆破应采用复式起爆网路并做网路试验。对于电力起爆网路要采用专用的爆破电桥对网路导通检查，测定其电阻值和对地绝缘情况，测定合格后方可起爆。

为确保安全，大爆破前应对警戒范围、警戒点位置做周密布置，将警戒范围、警戒信号公布于众。警戒信号分预告信号、起爆信号和解除信号，由总指挥部发出。起爆站应配置良好的通信设备，起爆站长负责站内工作，从连线工作开始，站长应安排专人对起爆站进行看管。

7. 爆后检查、处理与总结

硐室爆破后检查的内容同钻孔爆破。此外，还应在清挖爆破岩渣时派专人跟班巡查有无疑似盲炮，发现疑似盲炮的迹象，应立即停止清挖并设置警戒区，报告爆破作业单位技术负责人，进行排查处理。在排查处理期间禁止一切爆破作业。

对于危石，应安排有经验的施工人员采用人工撬或敷设药包爆除。对于危险边坡，必要时可采用通常的工程加固方法处理，包括砌石护坡、喷锚加固和加设排水防护等有效措施加以处理。

岩土爆破工程施工，尤其是地下井巷掘进爆破工程施工的发展趋势是自动化、智能化、精准化、遥控式操作。在作业人员的监控下，凿岩台车能够全自动钻眼，并在掘进工作面的钻孔过程中装备定位系统进行精确的定位和导航，以保证炮眼的方位和角度。钻机中的数据收集系统记录下所有的钻孔参数以及孔位、方向、深度、时间和人为的调整等。装药车具有自动控制的装填和密度控制传送系统，并能够记录所有的装药数据。采用程序控制起爆电子雷管的遥控起爆系统，实现精确延期时间，提高半边眼痕率，改善爆破效果，达到低振动和小损伤的目的。

(三) 岩土爆破工程安全技术

"爆破施工技术被越来越多地应用到我国公路、水利、建筑、矿山等工程建设中，爆破质量与爆破安全的重要性日益凸显。"

1. 爆破安全距离

爆破安全距离是指爆破地点与人员和其他保护对象之间的安全允许距离，应按各种爆破有害效应（地震波、冲击波、个别飞散物等）分别核定，并取最大值。确定爆破安全允许距离时，应考虑爆破可能诱发的滑坡、滚石、雪崩、涌浪、爆堆滑移等次生灾害的影响，适当扩大安全允许距离或针对具体情况划定附加的危险区。

2. 爆破对环境有害影响控制

（1）有害气体监测应遵守下列规定：在煤矿、钾矿、石油地蜡矿、铀矿和其他有爆炸性气体及有害气体的矿井中爆破时，应按有关规定对气体进行监测；在下水道、储油容器、报废盲巷、盲井中爆破时，作业人员进入之前应先对空气取样检验。地下爆破作业点有害气体的浓度不应超过规定的标准。

（2）防尘与预防粉尘爆炸：城镇拆除爆破工程中，在确保爆破作业安全的条件下应采取措施，减少粉尘污染，比如，适当预拆非承重墙，清理构件上的积尘，建筑物内部洒水或采用泡沫吸尘，各层楼板设置塑料盛水袋，起爆前后组织消防车或其他喷水装置喷水降尘等；在有煤尘、硫尘、硫化物粉尘的矿井中进行爆破作业，应遵守有关粉尘防爆的规定；在面粉厂、亚麻厂等有粉尘爆炸危险的地点进行爆破时，离爆区10m范围内的空间和表面应做喷水降尘处理。

（3）噪声控制：城镇拆除及岩石爆破，应采取措施控制噪声，如加强对爆破体的覆盖，实施毫秒延时爆破，严格控制单位耗药量、单孔药量和一次起爆药量，保证填塞质量和长度，严禁使用导爆索起爆网路，在地表空间不应有裸露导爆索等；爆区周围有学校、医院、居民点时，应与各有关单位协商，实施定点、准时爆破。

（4）振动液化控制：在饱和砂（土）地基附近进行爆破作业时，应邀请专家评估爆破引起地基振动液化的可能性和危害程度；提出预防土层受爆破振动压密、孔隙水压力骤升的措施；评估因土体液化对建筑物及其基础产生的危害。实施爆破前，应查明可能产生液化土层的分布范围，并采取相应的处理措施，比如，增加土体相对密度，降低浸润线，加强排水，减小饱和程度；控制爆破规模，降低爆破振动强度，增大振动频率，缩短振动持续时间等。

3. 早爆及其预防

早爆就是炸药在预定的起爆时间之前起爆，属于严重的爆破事故。

产生早爆的原因是多方面的：爆破器材不合格，如导火索速燃，雷管速爆；装药器的静电积累；炸药自燃导致自爆；在外界机械能（冲击、摩擦等）作用下感度高的炸药或起爆器材引起的早爆；工作面存在杂散电流；雷雨天气时的雷电；广播电台、电视台、无线电通信台的射频电流；大地电或含硫矿床的化学电及高硫化矿高温等。

施工时应针对可能引起早爆的因素采取相应的预防措施，才能最大限度地避免早爆。

（1）减少杂散电流的来源，采取措施，减少电机车和动力线路对大地的电流泄漏；检查爆区周围的各类电气设备、防止漏电；切断进入爆区的电源、导电体等。在进行大规模爆破时，采取局部或全部停电。采用抗杂散电流的电雷管或采用防杂散电流的电爆网路，或改用非电起爆法。防止金属物体及其他导电体进入装有电雷管的炮眼中，防止将硝铵类炸药撒在潮湿的地面上等。在杂散电流大于 30mA 的工作面或高压线射频电源危险范围内，不应采用普通电雷管起爆。

（2）雷雨季节和多雷地区进行露天爆破时不应采用普通雷管起爆网路。雷雨季节露天爆破不应进行预装药作业。雷雨天禁止任何起爆网路连接作业，正在实施的起爆网路连接作业应立即停止，人员迅速撤至安全地点。

（3）为防止感应电流引起误爆，可采用非电起爆法。电爆网路附近有输电线时，不得使用普通电雷管，否则，必须用普通电雷管引火头进行模拟试验。在 20kV 动力线 100m 范围内不得进行电爆网路作业。尽量缩小电爆网路圈定的闭合面积，电爆网路两根主线间的距离不得大于 15cm。

（4）为预防静电引起早爆，爆破作业人员禁止穿戴化纤、羊毛等可能产生静电的衣物。采用抗静电的电雷管。机械化装药时，所有设备必须有可靠的接地，防止静电积累。

（5）要调查爆区附近有无广播、电视、微波中继站等电磁发射源，有无高压线路或射频电源，在射频电源附近应尽量采用非电起爆系统，在高压线射频电源危险范围内，不应采用普通电雷管起爆。禁止流动射频源进入作业现场。已进入且不能撤离的射频源，装药开始前应暂停工作。

4. 盲炮的预防与处理

盲炮是指出于各种原因未能按设计起爆，造成药包拒爆的装药或部分装药，又称拒爆或瞎炮。

炸药产生拒爆的原因很多，主要有人为因素和物质环境两个方面。

人为因素有装药、堵塞不慎，造成起爆器具断路、短路或药管分离；爆破网路连接错误或节点不牢、电阻误差过大；爆破设计不当，造成带炮、"压死"或爆破冲坏网路；防潮抗水措施不严或起爆能不足；掩护或其他原因碰坏、拉断网路等；漏接、漏点炮或违章作业产生拒爆。

物质环境方面产生拒爆的原因有：爆破器材质量不合格，如导火索断药、透火、喷火能力不足，电雷管短路、断路、阻差过大等；爆破材料受潮变质或过期；爆破工作面有水、油污染浸渍爆破器材，使其变质瞎火而引起拒爆。

防止产生拒爆的措施有：精心设计，精心施工，严防带炮和冲击爆破网路；使用合格爆破器材，不同厂家、不同类型与批号的雷管不得混合使用；改善操作技术，防止装药、连线和防护时损坏爆破网路或漏接，保证爆破网路质量；检查起爆电源及其起爆能力；避免装药密度过大；加强爆破器材质量检测和改善保管条件，防止爆破器材受潮变质。

处理盲炮前应由爆破负责人定出警戒范围，并在该区域边界设置警戒，处理盲炮时无关人员不许进入警戒区。应派有经验的爆破员处理盲炮，硐室爆破的盲炮处理应由爆破工程技术人员提出方案并经单位主要负责人批准。电力起爆网路发生盲炮时，应立即切断电源，及时将盲炮电路短路。导爆索和导爆管起爆网路发生盲炮时，应首先检查导爆索和导爆管是否有破损或断裂，发现有破损或断裂的应修复后重新起爆。严禁强行拉出或掏出炮孔中的起爆药包。

盲炮处理后，应再次仔细检查爆堆，将残余的爆破器材收集起来统一销毁；在不能确认爆堆无残留的爆破器材之前，应采取预防措施。盲炮处理后应由处理者填写登记卡片或提交报告，说明产生盲炮的原因、处理的方法、效果和预防措施。

对裸露爆破的盲炮，可去掉部分封泥，安置新的起爆药包，再加上封泥起爆；发现炸药受潮变质，则应将变质炸药取出销毁，重新敷药起爆。

对浅孔爆破的盲炮，因线路连接问题引起的盲炮，经检查确认起爆网路完好时，可重新起爆。对非起爆网路的问题，可钻平行孔装药爆破，平行孔距盲炮孔不应小于 0.3m。可用木、竹或其他不产生火花的材料制成的工具，轻轻地将炮孔内填塞物掏出，用药包诱爆。可在安全地点外用远距离操纵的风水喷管吹出盲炮填塞物及炸药，但应采取措施回收雷管。处理非抗水类炸药的盲炮，可将填塞物掏出，再向孔内注水。使其失效，但应回收雷管。盲炮应在当班处理，当班不能处理或未处理完毕，应将盲炮情况（盲炮数目、炮孔方向、装药数量和起爆药包位置，处理方法和处理意见）在现场交接清楚，由下一班继续处理。

对深孔爆破的盲炮，爆破网路未受破坏，且最小抵抗线无变化者，可重新连接起爆；最小抵抗线有变化者，应验算安全距离，并加大警戒范围后，再连接起爆。可在距盲炮孔口不少于 10 倍炮孔直径处另打平行孔装药起爆。爆破参数由爆破工程技术人员确定并经爆破负责人批准。所用炸药为非抗水炸药，且孔壁完好时，可取出部分填塞物向孔内灌水使之失效，然后做进一步处理，但应回收雷管。

对硐室爆破的盲炮，如能找出起爆网路的电线、导爆索或导爆管，经检查正常仍能起爆者，应重新测量最小抵抗线，重划警戒范围，连接起爆。可沿竖井或平硐清除填塞物并重新敷设网路连接起爆，或取出炸药和起爆体。

第四章　岩土工程原位测试与土工聚合物

第一节　岩土工程原位测试

"作为工程场地常用的测试及勘察手段，原位试验也得到了长足的进步与发展。不同于室内试验，原位测试是在未扰动工程场地试样的情况下对试样进行物理力学指标的测定，能够更为真实地反映场地岩土体的实际赋存状态及物理力学特征。"

一、载荷试验

（一）载荷试验的分类及布置

载荷试验是在工程场地的地基土、单桩或复合地基上放置一定规格的刚性承压板，对承压板进行逐级加载，测定出各级荷载作用下对应的沉降量，通过对荷载与沉降之间关系的分析评价地基土的性质。

载荷试验分为浅层平板载荷试验、深层平板载荷试验和螺旋板载荷试验三种。浅层平板载荷试验适用于浅层地基土；深层平板载荷试验适用于深层地基土和大直径桩的桩端土，试验深度不小于 5m；螺旋板载荷试验适用于深层地基土或地下水位以下的地基土。

载荷试验应布置在有代表性的地点，每个场地不宜少于三个，当场地内岩土体不均时，应适当增加。浅层平板载荷试验应布置在基础底面标高处。

（二）试验基本原理与仪器设备

1. 平板载荷试验基本原理

在测试的地基土上放置承压板，逐级加载，测定各级荷载作用后的稳定沉降量，得出荷载力 p 与变形 s 之间的关系曲线。典型的 p-s 曲线划分为直线变形阶段、剪切变形阶段和破坏阶段三个阶段，如图 4-1。

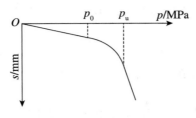

图 4-1　平板载荷试验

典型的 $p\text{-}s$ 曲线

（1）直线变形阶段。这一阶段最大变形对应的最大压力 p_0 定为比例界限压力（或称临塑压力），土体的变形主要是土体中土颗粒间的孔隙减小引起的，土体中各点的剪应力小于土体的抗剪强度，当压力 $p<p_0$ 时，$p\text{-}s$ 曲线呈直线关系，随着压力增大土体变形呈线性增加。

（2）剪切变形阶段。这一阶段最大变形对应的压力 p_u 定为极限压力，土体的变形主要由土体的竖向压缩和土颗粒之间的剪切变位组成，承压板边缘有小范围的土体发生了剪切破坏，压力 $p_0<p<p_u$，$p\text{-}s$ 曲线呈曲线关系，斜率逐渐增大。

（3）破坏阶段。这一阶段的压力随着压力的增大沉降急剧增加，承压板周围形成连续贯通的剪切破坏面，在承压板周围土体发生隆起及环状或放射状裂隙，土体内部剪应力达到或超过土体的最大抗剪强度。

2. 螺旋板载荷试验基本原理

由于螺旋板载荷试验是在土层中某一深度进行，其基本原理与平板载荷试验基本原理不同。$p\text{-}s$ 曲线上的特征值有比例界限压力 p_u，还有初始压力 $p\text{-}s$ 曲线直线段的起点，理论上初始压力为试验点上覆土层的自重压力。初始压力之前螺旋板没有沉降。

3. 试验用仪器设备

（1）加载装置。加载装置主要有千斤顶加载和重物加载。千斤顶主要有机械式和油压式，重物加载是将标准重量的钢锭或混凝土块按预先设计好的加载顺序施加荷载。

（2）反力装置。反力装置主要有压重物、下地锚、压重物和下地锚联合作用。在岩体内进行载荷试验可利用周围稳定岩体提供反力。

（3）承压板。平板载荷试验用的承压板分为圆形和方形，主要由耐腐蚀、耐磨损的钢板做成，常用的承压板有圆形和方形。根据不同类型的土层选取一定规格的承压板尺寸。螺旋板承压板由螺旋板、护套组成，有足够刚度的钢做成，板头面积根据地基土的性质选择 100cm^2、200cm^2 和 500cm^2 三种，对应的直径分别为 113mm、160mm 和 252mm。

（4）量测装置。量测装置分为压力量测装置和沉降量测装置。压力量测装置一般由安装在液压系统上的压力表或压力传感器和压力记录仪组成；沉降量测量装置由支撑柱、基准梁、位移计、记录仪等，将支撑柱打入土中，在其上架设基准梁，用万向磁性表座将位移计固定在基准梁上。

（三）试验技术要求与操作步骤

按照《岩土工程勘察规范》载荷试验的技术要求符合以下规定：

第一，浅层平板载荷试验的试坑宽度或直径不小于承压板宽度或直径的 3 倍；深层平板载荷试验的试井直径应等于承压板直径；当试井直径大于承压板直径时，紧靠承压板周围土的高度不应小于承压板直径。试坑或试井底的岩土应避免扰动，保持其原状结构和天然湿度，在承压板下铺设不超过 20 mm 的砂垫层找平，尽快安装实验设备；螺旋板头入土时，应按每转一圈下入一个螺距进行操作，螺旋面与土接触面光滑，根据土的类型适当选择螺旋板，这些措施可以减少对土的扰动。

第二，载荷试验宜采用圆形刚性承压板，根据土的软硬或岩体裂隙密度选用合适的尺寸；对于土的浅层平板载荷试验承压板面积不应小于 $0.25m^2$，对于软土和粒径较大的填土不应小于 $0.5m^2$，一般黏性土常用 $0.5m^2$ 的圆形或方形承压板，碎石土取最大碎石的直径 $10\sim20$ 倍，老黏土或密实的砂土取 $0.10m^2$ 为宜；深层平板载荷试验承压板面积宜选用 $0.5m^2$；岩石载荷试验承压板的面积不宜小于 $0.07m^2$；螺旋板载荷试验的承压板根据土的类型一般硬黏土取 $100cm^2$，软黏土取 $500cm^2$。

第三，承压板的沉降可用百分表或电测位移计量测，其精度不应小于 $\pm0.01mm$；安装支撑柱或其他支点时应距离承压板和地锚一定的距离，避免试验过程中地面变形对位移计的影响。

第四，载荷试验加载方式应采用分级维持荷载沉降相对稳定法（常规慢速法），可根据预估的土层极限荷载的 $1/10\sim1/8$ 或临塑荷载的 $1/5\sim1/4$ 作为荷载增量；有地区经验时可采用分级加荷沉降非稳定法（快速法）或等沉降速率法；加荷等级宜选 $10\sim12$ 级，并不应少于 8 级，荷载量测精度不应低于最大荷载的 $\pm1\%$。

第五，试验对象为土体时，每级荷载施加后，间隔 5min、5min、10min、10min、15min、15min 测读一次沉降量，以后间隔 30min 测读一次沉降量，当连续两小时每小时沉降量小于等于 0.1mm 时，可认为沉降已达相对稳定标准，施加下一级荷载；试验对象为岩体时，间隔 1min、2min、2min、5min 测读一次沉降，以后每隔 10min 测读一次，当连续三次读数差小于等于 0.01mm 时，可认为沉降已达相对稳定标准，施加下一级荷载。

第六，试验终止条件。包括：①承压板周围的土出现明显的侧向挤出，周边岩土出现明显隆起或径向裂缝持续发展；②本级荷载的沉降量大于前级荷载沉降量的 5 倍，荷载与沉降曲线出现明显陡降；③在某级荷载作用下 24h 沉降速率不能达到相对稳定标准；④总沉降量与承压板直径（或宽度）之比超过 0.06。

二、静力触探试验

（一）静力触探试验优势

静力触探试验（CPT）是利用准静力以恒定的贯入速率将一定规格和形状的圆锥形探头通过一系列探杆压入土中，同时测记贯入过程中探头锥尖和侧壁所受到的阻力以及孔隙水压力，根据测得的贯入阻力或者结合孔隙水压力来间接定性和定量实现获取土层剖面、提供浅基承载力、选择桩尖持力层和预估单桩承载力等岩土工程勘察的现场试验方法。

静力触探试验最早在 1932 年由荷兰人发明的，因此又称为荷兰锥试验。我国在 20 世纪 60 年代开始起步，20 世纪 70 年代开始普及和发展，20 世纪 90 年代得到了更大的发展。经过无数岩土工程测试技术人员的不断努力和经验总结，静力触探技术已经成为目前岩土工程勘察重要的手段之一。

静力触探实行连续测试，测试数据精度高，再现性好，效率高，节省人力，功能多，兼具勘探与测试双重作用；对地层变化较大的复杂场地以及不易取样的饱和砂土和高灵敏度的软黏土地层的勘察具有独特优势；在桩基勘察中能准确确定桩尖持力层。现代的静探技术全部采用电测技术，便于实现测试工程的自动化，测试成果可由计算机自动处理。

静力触探适用于砂土、粉土、黏性土、泥炭层；孔压静探适用于地下水位以下的软黏土、黏性土、粉土、非密实性砂土、黄土、素填土等；对于不饱和的土层、含较多的砾石层、碎石层等则不适用。

静力触探可根据工程需要采用单桥探头、双桥探头或带孔隙水压力量测的单、双桥探头，可测定比贯入阻力、锥尖阻力、侧壁摩阻力和贯入时的孔隙水压力。

（二）静力触探试验设备

1. 探头

（1）单桥探头。单桥探头是在压入土中过程中测定锥头阻力和侧壁摩擦力的总和，即比贯入阻力。由外套筒、顶柱和应力传感器组成。

（2）双桥探头。双桥探头在压入土中过程中分别测定锥尖阻力和侧壁摩阻力。主要由锥尖阻力量测装置和侧壁摩擦阻力量测装置组成。

（3）孔压探头。孔压探头在压入土中过程中除了测定锥尖阻力和侧壁摩阻力，还可以量测贯入过程中探头附近的孔隙水压力。是在双桥探头的基础上增加一个透水滤器和一个孔压传感器。透水滤器的位置可位于锥面、锥尖和摩擦筒尾部，不同位置测得的超孔压是不同的，超孔压的消散条件和消散速度也不同。

2. 记录仪

静力触探用的记录仪通常采用具有自动采集数据、存储、分析、成图和打印功能的数据采集仪。除了本身可完成上述功能外，还可以通过数据线传输到计算机上通过配套的软件完成各项计算分析和成图。由电缆线、记录仪、分析软件构成数据采集分析系统。

3. 贯入设备

（1）静力触探机。常用的静力触探机有液压式、电动机械式和手摇链条式三种。液压式通过柴油机或电动机带动油泵，通过液压传动使油缸活塞下压或提升，油缸推力可达 20t，在软土层中最大触探深度可达 60m；电动机械式是通过电动机带动齿轮传动，最大压力可达 10t。手摇链条式是通过人力摇动链条带动探杆贯入，一般贯入能力约 3t，软土层中触探深度达 20m。

（2）探杆。探杆主要起到传递贯入力的作用，一般采用高强度合金无缝钢管制造。静探试验常用的探杆直径有 33.5mm 和 42.0mm 两种。

（3）反力装置。静力触探试验所需的反力根据静力触探机的贯入能力来施加，反力装置有两种形式：利用地锚施加反力，通过下入 4~8 个地锚提供足够的反力；利用重物施加反力，通常车载静力触探机利用车辆自重作为反力。

（三）静力触探试验步骤及技术要点

1. 试验准备工作

如果采用下地锚作为反力装置，根据测试点位布置地锚，一般用下锚器下入，注意距离测试点的间距；安装好触探仪，用水平尺将底座找平；准备好标定好的探头、电缆线、记录仪，根据试验要求选取合理的探头，电缆线要事先依次贯穿探杆，应备有足够的长度，电缆线接线要接好，检查记录仪是否工作正常。

2. 试验

（1）根据土层类型，粗粒土一般在试验前进行预钻孔，注意防止塌孔，将探头贯入地表以下 0.5~1.0m，然后将探头上提 10cm，使探头处于不受压状态下与地温平衡，此时记录初始读数。

（2）探头应匀速垂直压入土中，手摇链条式静探机贯入时要尽量保持匀速转动手轮，贯入速率控制在 1.2m/min。

（3）探头、记录仪、电缆线要定时进行标定，室内探头标定的传感器误差应小于 1%
FS，现场试验归零误差应小于 3%，绝缘电阻不小于 500mΩ，深度记录的误差小于触探深
度的±1%；当贯入深度超过 30 m，或穿过厚层软土后再贯入硬土层时，应采取措施防止孔
斜或断杆，也可配置测斜探头，量测触探孔的偏斜角，校正土层界线的深度；孔压探头在
试验之前要进行饱和处理，在现场试验进入地下水位以下的土层为止，孔压静探试验过程
不得上提探头。

（4）电缆线贯穿探杆要注意在试验过程中探杆转动扭断接线，与记录仪、探头连接要
接好。

（5）试验出现这些情况时应终止试验：贯入深度已到达要求；倾斜度超过容许范围；
反力装置失效；记录仪显示异常。

（6）试验结束后注意对仪器设备的维护。

三、动力触探试验

（一）动力触探分类及优点

动力触探试验技术是 20 世纪 40 年代末期发展起来的。由于使用方便，得到了广泛的
应用，在美国及日本应用最为广泛。在我国，20 世纪 50 年代初期由南京水利实验处研制
并在治淮工程中得到广泛推广，积累了大量的使用经验。20 世纪 60 年代在国内得以普及。

动力触探分为圆锥动力触探试验和标准贯入试验。

圆锥动力触探试验（DPT）是利用一定的锤击能量，将一定规格的圆锥探头打入土
中，根据打入土中的难易程度（贯入阻力或贯入一定深度的锤击数）来判别土的性质的一
种现场测试方法。

标准贯入试验（SPT）是一种在现场用 63.5kg 的穿心锤，以 76cm 的落距自由下落，
将一定规格的带有小型取土筒的标准贯入器打入土中，记录打入 30cm 的锤击数，并以此
评价土的工程性质的原位试验。

动力触探测试的优点：设备简单，坚固耐用；操作及测试方法容易；适用性广；快
速，经济，能连续测试土层；有些动力触探，可同时取样，观察描述；经验丰富，使用
广泛。

（二）圆锥动力触探试验

1. 圆锥动力触探试验类型

圆锥动力触探试验根据重锤的锤击能量分为三种：轻型动力触探、重型动力触探和超重型动力触探。

2. 轻型圆锥动力触探技术要求

轻型圆锥动力触探技术要求包括：①先用轻便钻具钻至试验土层标高以上 0.3m 处，然后对土层进行连续触探，记录每打入 0.30m 所需的锤击数；②试验时，将 10kg 的穿心锤提升（0.50+0.02）m，锤击频率控制在 15～30 击/min；③如须取样，则须把触探杆拔出，换钻头进行取样；④用于触探深度小于 4m 的土层。

3. 重型圆锥动力触探技术要求

（1）试验前将触探架安装平稳，使触探保持垂直地进行。垂直度的最大偏差不得超过 2%。

（2）贯入时应使 63.5kg 穿心锤自由落下。地面上的触探杆的高度不宜过高，不超过 1.5m，以免倾斜与摆动太大。

（3）锤击速率宜为每分钟 15～30 击。

（4）及时记录每贯入 0.10m 所需的锤击数，每贯入 1m 转动探杆一圈半，深度超过 10m，每贯入 20cm 转动探杆一次，以减少探杆的摩擦。

（5）对于一般砂、圆砾和卵石，触探深度不宜超过 12～15m；超过该深度时，须考虑触探杆的侧壁摩阻的影响。

（6）每贯入 0.1m 所需锤击数连续三次超过 50 击时，应停止试验。触探试验深度 1～16m。

四、十字板剪切试验

（一）十字板剪切试验分类

十字板剪切试验（VST）是在工程场地的现场通过对插入土层中的十字板头施加扭矩，使十字板头在土体中等速扭转形成圆柱状破坏面，根据扭转力矩和十字板头的尺寸经过换算评定土体不排水抗剪强度的现场试验。

在我国，20 世纪 50 年代由南京水利科学院引进，并在沿海诸省及多条河流的冲积平原软黏土地区得到广泛应用。历时 10 余年的工作奠定了在我国的应用基础。此后，我国很多单位在设备的改进和应用实验方面做了大量工作。

十字板剪切试验根据十字板仪的不同可分为普通机械式十字板和电测十字板，根据贯入方式的不同可分为预钻孔十字板剪切试验和自钻式十字板剪切试验，从技术发展和使用方便的角度来看，自钻式电测十字板仪具有明显的优势。随着电测技术的发展，普通机械式十字板逐渐被电测十字板取代。

（二）十字板剪切试验技术要求

第一，在同一孔内进行不同深度点的剪切试验时，试验间距一般为 1.0m，根据实际工程需要可选择有代表性的点布置试验点，十字板头插入孔底以下的深度不应小于 3 倍钻孔直径，以保证十字板能在未扰动土中进行剪切试验。

第二，试验所用探杆必须平直，前 5m 的探杆要求更高些。十字板头插入土中试验深度后，应静置 2~3min，方可开始剪切试验。因为插入时在十字板头四周产生超孔隙水压力，静置时间过长，孔隙压力消散会使有效应力增长，使不排水抗剪强度增大；若静置时间过短，土稍稍被扰动还来不及恢复，测出的强度值可能偏低。

第三，扭剪速率应力求均匀，并控制在一定值。剪切速率宜采用 (1~2°) /10s，以便能在不排水条件下进行剪切试验。测记每扭转 1° 的扭矩，当扭矩出现峰值或稳定值后，要继续测读 1min，以便确认峰值或稳定扭矩。

第四，在峰值强度或稳定值测试完毕后，顺时针方向连续转动 6 圈，使十字板头周围土体充分扰动，然后测定重塑土的不排水强度。

五、岩土工程监测与监测方法

"岩土工程现场监测就是以实际工程为对象，在施工期及工后期对整个岩土体和地下结构以及周围环境，于事先设定的点位上，按设定的时间间隔进行应力和变形现场观测。"

岩土工程监测的目的主要包括：①检验岩土工程施工质量是否满足岩土工程设计和有关规范、规程的要求；②指导岩土工程施工，检验岩土工程设计方案的合理性，为设计和施工提供建议；③检验岩土工程施工对周围环境的影响，验证岩土工程防护措施的效果；④及时发现、预报岩土工程施工过程中可能出现的工程事故，保障施工过程的安全；⑤提供定量的岩土工程事故鉴定依据；⑥为岩土工程竣工验收提供资料。

（一）岩土工程监测分类

按岩土工程项目类型可分为基坑工程监测、边坡工程监测、地下工程监测等。

按监测过程可分为施工中岩土反应性状的监测、施工中或结构物使用过程中的沉降量等监测、施工中或结构物使用过程中对周围环境的影响监测等。

按监测工作内容可分为应力监测和变形监测。应力监测内容主要有岩体内部应力、土压力、孔隙水压力、结构内力等；变形监测内容主要有地表水平位移、地表深部水平位移、地表竖向位移、地表深部竖向位移、建筑物沉降量和结构物变形等。

（二）应力监测方法

岩土工程中的应力监测主要借助于监测仪器获取结构体内部应力大小的现场工作，根据不同的监测项目应力监测内容也不一样。监测方案的设计要按照工程的要求选择监测仪器，合理布置监测点，准确控制监测精度，科学设置监测周期等。

基坑工程监测中应力监测主要有土压力、孔隙水压力、支护结构内力等内容。

土压力是土体在基坑开挖后土中应力分布引起的与挡土结构物的接触应力。通常采用土压力盒进行监测，一般采用钢弦式土压力盒，其量程大于测试压力的 3 倍，连接电缆导线长度和防水密封性须满足要求。土压力盒布置在基坑边坡具有代表性的土层中，通常布置在边坡不同深度的土体中，支挡结构与土体之间等位置。土压力盒埋设采用预钻孔法，预钻孔至测试标高以上 50cm 处，将土压力盒放入特制的铲子内压入土层即可。地下连续墙与土层之间应力监测采用挂布法，将土压力盒缝制在土压力盒的口袋里然后固定，再将布帘固定在钢筋笼上，吊放入开挖的槽内，浇筑混凝土使土压力盒与土层紧贴。

孔隙水压力监测主要测定土体中的孔隙水压力，常用孔隙水压力计测得。钢弦式孔隙水压力计应用广泛，主要由测头和电缆线组成。孔隙水压力计在使用时必须先对透水石进行标定，标定一般放在清水里煮沸 2 小时，埋设时注意避免与空气接触。埋设方法有预钻孔法和压入法，预钻孔法是先进行钻机成孔至测试深度，向孔底填入少部分砂，然后将孔隙水压力计放入孔内，再在测头周围填砂，接着用黏性土密封。对于软土层可用压入法，压入时要缓慢，压入时土体局部有扰动，引起超孔压，影响测试精度，因此在压入指定深度后要静止一定时间，让超孔压消散。

支护结构内力监测是基坑工程监测中的重要内容，直接对基坑的安全进行定性和定量的进行评价。围护墙（桩）随基坑开挖深度的增加、施工工况变化的情况，监测地连墙（桩）沿深度方向及环向的应力的分布情况及弯矩。围护体系内力可通过在结构内部或表面埋设应变计或应力计来测定，适用于对支撑、围护墙、立柱、围檩等的内力监测，围护墙内力、立柱内力、围檩内力宜在钢筋笼制作时在主筋上焊接钢筋应力计来测定，围檩内力亦可在围檩内埋设混凝土应变计来测定，监测点宜布置在受力较大围护墙体内，监测点平面间距宜为 20~50m，且每侧边监测点至少 1 个，监测点竖向上宜布置在支撑点、拉锚位置、弯矩较大处，垂直间距宜为 3~5 m。为掌握支撑轴力随施工工况变化的情况，确保围护系统在围护体后水土压力传来的水平荷载作用下的安全稳定。因此进行支撑轴力监测，监测点宜布置在支撑内力较大的支撑上，每道支撑内力监测点不应少于 3 个，并且每道支撑内力监测点位置宜在竖向上保持一致，对于钢筋混凝土支撑，每个截面内传感器埋设不宜少于 4 个，对钢管支撑，每个截面内传感器埋设不应少于 2 个。现在大多使用轴力计，钢筋混凝土支撑和 H 型钢支撑内力监测点宜布置在支撑长度的 1/3 部位。钢管支撑采用反力计测试时，监测点应布置在支撑端头，采用表面应变计测试时，宜布置在支撑长度的 1/3 部位。

边坡工程应力监测主要有岩土体压力监测、岩土应力测试和支护结构内力测试。土压力用土压力盒直接测得，岩体边坡应力监测主要也是采用钢弦式、电阻应变片式等应力传感器测得。边坡支护中采用抗滑桩、锚杆等支护结构时可采用钢筋应力计和锚杆轴力计等测得。

（三） 变形监测方法

基坑开挖、边坡工程和地下工程中由于岩土体的原位状态被改变，导致应力的集中与释放，必定会引起岩土体的变形和周围建筑物、地下管线等的破坏。因此，必须进行变形监测，以保证施工过程中的安全。在工程场地及周边环境通过监测仪器设置观测点进行周期性变形监测，求出各观测点空间位置的变化量，为支护结构和岩土体稳定性评价提供数据评价，预报和避免工程事故的发生。

地表水平位移监测一般包括地表面、支挡结构顶部、地下管线等的水平位移。通常采用全站仪根据测绘的方法测量，测量方法及测点布置参考测量学全站仪测量方法。

地表深部水平位移监测主要通过钻孔测斜仪测定，测斜仪能准确连续地量测单位深度不同时刻的水平位移量，主要由带有导轮的测头、测读仪、电缆和 PVC 测斜管组成。钻机成孔安装测斜管，安装好后下入测斜仪量测出初始读数，再定时量测测斜管的倾斜角换算出不同深度的水平位移量。

地表竖向位移监测一般采用精密水准测量，在一个测区至少设置三个基准点，具体测试方法参考测量学水准仪测量方法，地表深部竖向位移监测主要通过电磁式沉降仪测量，通过在预钻孔中埋设一根塑料管作为引导管，再根据要求分层埋置磁性沉降环，用电测感应测头先测出磁环的初始位置，再分别测出各磁环的位置就可得出各测点处的沉降值。

建筑物沉降量监测根据建筑物的形式、结构、工程地质条件、沉降规律等因素综合考虑，将监测点布置在建筑物代表性的位置，其测量方法与地表沉降监测方法一样。

结构物变形监测主要在结构体内部放置应变计进行监测等。

（四）地下水监测方法

地下水监测主要是监测地下水位及其变化，通常用水位计进行观测。监测水位管主要用 PVC 滤水管，基坑工程监测中监测水位管与监测竖向水平位移管共用。根据测定的管口高程，再分别测出不同时段的水位高度就可得出地下水位的变化。特别在地下水位受补给条件影响较大时要准确测出水位的变化，基坑工程中有降水工程时，在基坑边坡顶部，基坑内部都要布置水位监测点进行水位监测。

第二节 岩土工程中的土工聚合物

一、土工聚合物的特点和类型

（一）土工聚合物的类型

土工聚合物以煤、石油和天然气等作为原料，经过化学加工而成为高分子合成物（聚合物），再经过机械加工制成纤维或条带、网格、薄膜等产品。土工聚合物按照加工制造方法的不同，总体可分为两大类：有纺型和无纺型。

第一，有纺型——这种土工聚合物是由相互正交的纤维织成或由热滚加压黏结制成。有些特殊织机还可以织成两组纤维丝斜交的织物。所用纤维丝可以是挤压成形的圆截面单丝，也可以是切割塑料薄膜而成的丝带。由单丝或细丝带织成的一般都很薄，约 0.5mm；由多丝织成的则较厚，为 3~5 mm。其特点是孔径均匀，沿经纬线方向强度大，拉断的延伸率较低。

第二，无纺型——这种土工聚合物中纤维的排列一般是无规则的。所使用的成型方法有化学处理法、热处理法和针刺机械处理法。它是应用最广的一种土工聚合物。

（二）土工聚合物的特点

土工聚合物的主要特性为质地柔软、重量轻、连续性好、抗拉强度高、耐腐蚀、抗微生物侵蚀、反滤性（土工织物）和防渗性（土工膜）好，施工简便。

1. 物理特性

（1）厚度：土工膜厚度一般为 0.25~0.75mm，最厚可达 10mm 以上；土工织物厚度一般为 0.1~0.5mm，最厚的可达 2~4mm。

（2）单位面积重量：常用的土工聚合物单位面积重量为 $50 \sim 1200g/m^2$。

（3）等效孔径：土工织物一般为 $0.05 \sim 1.0mm$，土工垫为 $5 \sim 10mm$；土工网及土工格栅为 $5 \sim 100mm$。

2. 力学特性

（1）抗拉强度。土工聚合物是柔性材料，主要通过其抗拉强度来承受荷载，以发挥其工程作用。因此，抗拉强度是土工聚合物的主要力学特性指标。土工聚合物在受力时厚度会发生变化，故其抗拉强度一般以单位宽度所能承受的力来表示。无纺型土工织物抗拉强度一般为 $10 \sim 30kN/m$，高强度的为 $30 \sim 100kN/m$；有纺型土工织物抗拉强度一般为 $20 \sim 50kN/m$，高强度的为 $50 \sim 100kN/m$，特高强度的编织物为 $100 \sim 1000kN/m$。

（2）握持抗拉强度。土工聚合物在施工过程中或用作隔离时，都可能出现在局部点被握持的现象，同时在被握持的局部点之间又有拉伸作用。因此要研究土工聚合物的握持抗拉强度，其值反映土工聚合物分散集中力的能力。握持抗拉强度直接采用"力"的单位，其值一般为 $0.4 \sim 5kN$。

（3）撕裂强度。土工聚合物在运输或施工过程中，可能会受到切割作用产生裂缝，在工程使用过程中可能会沿该裂缝进一步撕裂而破坏。因此要研究土工聚合物的撕裂强度。常用的测定方法为"梯形撕裂试验"。土工织物的撕裂强度值一般为 $0.3 \sim 1.5kN$。

（4）顶破强度。顶破强度是反映土工聚合物抵抗垂直于织物平面的压力的能力。常用的测试方法有圆球顶破试验、液压（或气压）顶破试验和 CBR 顶破试验。其中，液压顶破试验较常用。土工织物的液压顶破强度一般为 $1 \sim 9kPa$。

（5）刺破强度。这一强度指标反映聚合物抵抗带有棱角的块石刺破的能力。土工织物的刺破强度一般为 $0.2 \sim 1.5kN$。

（6）蠕变特性。土工聚合物具有显著的蠕变特性。在长期荷载作用下，即使荷载不变、应力低于断裂强度，变形仍会不断增大，甚至导致破坏。

3. 水力学特性

土工聚合物水力学特性中最重要的是渗透性。根据工程需要，常须确定垂直于聚合物平面的渗透系数和平行于聚合物平面的渗透系数。土工织物的渗透系数为 $8 \times 10^{-4} \sim 5 \times 10^{-1}cm/s$；其中无纺织物渗透系数为 $4 \times 10^{-3} \sim 5 \times 10^{-1}cm/s$。

4. 耐久性

土工织物的耐久性包括很多方面，主要是指其对紫外线辐射、化学侵蚀、温度变化、干湿变化、冻融变化和机械磨损等外界因素的抗御能力。耐久性与聚合物的类型及添加剂的性质有关。

二、土工聚合物在岩土工程中的作用

(一) 过滤作用

过滤作用是土工织物的主要功能，在水和气自由地通过土工织物时，土颗粒被有效地截留。这种作用被广泛地应用于铁路、公路、水利、建筑等各项工程中，特别是在水利工程中普遍地用作堤、坝基础或边坡过滤层。在砂石料紧缺的地区，用土工织物做过滤层，更有优越性。

作为滤层的材料必须具备两个条件：①必须有良好的透水性能，当水流通过滤层后，水的流量减小；②必须有较多的、孔径较小的孔隙，以阻止土颗粒的流失，防止产生土体破坏现象。土工织物完全具备这两个条件，不仅透水、透气性能良好，而且孔径较小，根据土的颗粒情况还可以在制作时调整其孔径的大小，因此当水流垂直织物平面方向流过时，可使大部分土颗粒不被水流带走，起到了过滤作用。

(二) 排水作用

土工织物的排水作用是指土工织物可以汇集土体中的渗水，并将渗水沿垂直于织物平面或沿平行于织物平面的方向排出土体的现象。如今，土工织物在土坝、路基、挡土墙建筑以及软土基础排水固结等工程中有广泛的应用。

(三) 隔离作用

在岩土工程中，不同的粒料层之间经常发生相互混杂的现象，使各层失去其应有的性能。将织物铺设在不同粒料层之间，可以起隔离作用。隔离用的土工织物须有较高的强度来承受外部荷载，保证结构的整体性。土工织物已广泛应用于铁路、公路路基、土石坝工程，软弱基础处理以及河道整治工程。例如，在软弱地基上铺设碎石粒料基层时，在层间铺设织物，可有效地防止层间土料相互贯入和控制不均匀沉降。

(四) 加筋作用

土工织物可用于软弱地基的加固处理。土工织物具有较高的抗拉强度，将其埋置在土体之中，可以增加地基的承载力，同时可改善土体的整体受力条件，提高整体强度和结构的稳定性。在软弱地基处理、陡坡处理、挡土墙等边坡稳定工程中应用较多。

(五) 防护作用

土工织物可以将集中应力扩散开，也可传递到另一物体，使应力分解，防止土体破坏，起到对土体材料的防护作用。

防护作用可分为表面防护和内部接触面保护，即将土工织物放置于土体表面，保护土体不受外力影响破坏，或将土工织物置于两种材料之间，当一种材料受集中应力作用时，而不使另一种材料破坏。主要应用于护岸、护底工程、河道整治工程以及道路坡面防护工程中。

(六) 防渗作用

在土工织物表面涂一层树脂或橡胶等防水材料，或将土工织物与塑料薄膜复合在一起可形成不透水的防水材料即土工膜。在工程中用于阻止水、气或有害物质的渗流。

三、土工聚合物在岩土工程应用的设计

在进行土工聚合物工程设计时，应注意的包括：①与结构形式有关的危险因素及其破坏对结构的影响；②不利条件的影响；③土工聚合物对整个工程设计和施工的影响。

(一) 滤层作用机理

土工织物的过滤作用可以用图来说明，如图4-2。

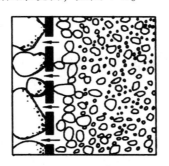

图4-2 机理示意图

图中左侧为堆石体，孔隙比较大，右侧为被保护土体，土工织物夹在两者之间，起反滤作用。当水流自右向左从被保护土流入堆石体时，部分细土粒将被水流挟带进入堆石体。在被保护土一侧的土工织物表面附近，较粗土粒首先被截留，使透水性减小。然后，这部分较粗颗粒层将阻止其后面的细土粒继续被水流带走，而且越往后细土粒流失的可能性越小，于是就在织物的右侧形成一个从左往右颗粒逐渐变细的"天然反滤层"，该层发挥着保护土体的作用。可见土工织物的存在只是起了促成天然反滤层形成的"催化"作用。

（二）滤层设计原则

1. 保土性准则

织物保土要求织物的孔径与土的粒径之间必须符合一定的关系。孔径过大，土粒会穿过织物而流失；过小又妨碍织物透水，容易造成堵塞。

2. 透水性准则

目前对土工织物透水性的要求，是以织物和被保护土的渗透系数的相对关系来表示。规范对此做了如下规定：

（1）被保护土级配良好、水力梯度低和预计不发生淤堵（中粗砂等）时：$Kg \geqslant Ks$（Kg 和 Ks 分别为土工织物和被保护土的渗透系数）。

（2）若排水失效会导致土体结构破坏，且修理费用高，或水力梯度高，流态复杂等情况时：$Kg > 10Ks$。有的标准考虑在实际工作中，土工织物渗透系数可能会由于织物被阻塞或受压变薄而降低的情况，要求比 10 更大的系数。

3. 防堵性准则

为防止土工织物在长期工作中被淤堵，应该用选定的织物和被保护的现场土料做较长期试验来检验。

四、岩土工程中土工聚合物的施工

（一）施工要求

第一，铺放织物的关键是保证其连续性，使织物在弯曲、折皱、重叠以及拉伸至一定程度时，仍不会丧失抗拉强度。因此，要特别注意接缝的连接质量。

第二，爆破、电焊等作业远离场地，防止火星飞入施工现场。

第三，铺设土工聚合物时，应注意均匀和平整，在斜坡上施工应保持一定的松紧度。

第四，如果用块石保护土工织物，施工时应将块石轻轻铺放，不得从高处抛掷。块石下落的高度大于 1m 时，任何类型的土工织物都可能被击破。有棱角的重块石从 0.3m 的高度下落便可能损坏土工织物。如块石下落的情况不可避免时，应在织物上面先铺一层沙子保护。

第五，在护岸工程坡面上铺设土工聚合物时，上坡段土工聚合物应搭接在下坡段土工聚合物之上。

第六，土工聚合物的端部要先铺填，中间后填，端部锚固必须精心施工。第一层铺垫厚度应在50cm以下，并使推土机的刮土板不要损坏所铺设的土工聚合物，如遇任何情况下的损坏，应予立即修补。

第七，土工织物不得长时间受日光曝晒，故铺完之后，最好在一个月内将上面的保护层做好。

(二) 接缝的连接方式

土工聚合物在工厂生产出时具有一定规格的面积和长度，因此，这些材料运到现场后必须进行切割和连接。在铺设土工织物时，两块织物之间必须有良好的连接。连接的方式一般有搭接法、缝合法、胶结法和钉接法。

1. 搭接法

在铺设土工织物时，将相邻两块织物重叠一部分，重叠宽度一般为30～90cm。对于轻型建筑物可取较小值。当压重增大或倾斜度增大时，搭接宽度也要相应增大。在水下铺设时，还要大一些。在搭接处尽量避免受力，以防止织物移动。若在织物上面铺有一层沙子，则不应采用搭接法，因为沙子很容易挤入两层织物之间而将织物抬起。搭接法施工简便，但用料较多。

2. 缝合法

用移动式缝合机将两块织物用尼龙或涤纶线面对面缝合，缝合处的强度一般可达土工织物强度的80%。缝合法节省材料，但施工费时。缝合时最好使用移动式缝合机并防止漏缝及断线情况。

3. 胶结法

采用合适的胶黏剂将两块土工聚合物胶结在一起，可分为加热黏接法、黏合剂黏接法和双面胶布黏接法。最少的搭接长度为10cm，此法最节省土工织物用量。其接缝处的强度与土工聚合物的原强度相同。双面胶布黏接法工艺较复杂，不宜在现场使用。

4. 钉接法

此法用U形钉将两块织物连接起来，U形钉应能防锈。接缝方法最好采用折叠式。其强度低于缝合法和胶结法所产生的强度。

第五章　不良地质作用和地质灾害的勘察

第一节　滑坡地质灾害勘察技术与防治

一、滑坡及其危害

滑坡指边坡（包括自然边坡和人工边坡）上的岩土体沿一定的软弱带（面）做整体向下滑动的现象，它是斜坡失稳的主要形式之一。滑坡通常具有双重含义，可指一种重力地质作用的过程，也可指一种重力作用的结果。欧美许多国家采用斜坡移动的概念，指斜坡上的岩石、土、人工填土或这些物质的组合向下或向外移动的现象，它比滑坡含义更广，不仅包括滑坡，也包括崩塌、崩落、倾倒和泥石流等。

"在所有的地质灾害中，滑坡是一种比较常见，而且是比较严重的灾害。发生滑坡通常情况下会导致中断交通、河道堵塞、摧毁厂矿，并且在一定程度上破坏村庄和农田，给人们的生命财产安全带来重大损失。"我国是一个滑坡灾害多发的国家，大型滑坡时有发生，给人民的生命财产和工农业生产造成严重的损失。

二、滑坡形态要素

第一，滑坡体。与母岩（土）体完全脱离并发生滑动的部分，简称滑体。

第二，滑动带。滑动面上受滑动揉搓而形成一定厚度的扰动带，其厚度为数毫米至数米，由压碎岩、岩粉、岩屑和黏土等物质组成。

第三，滑动面。滑坡体相对于母岩（土）做下滑移动的软弱面，可分前、中、后三部分。均质岩土体滑坡的滑动面一般呈曲面或近似圆弧形，非均质或层状岩土体滑坡的滑动面呈平面、平缓阶梯形、波浪形或更不规则的面。

第四，滑床。滑体下面没有滑动的岩土体。

第五，滑坡壁。滑坡体后缘与不动体脱离开后暴露在外面的形似壁状的分界面。平面上多呈围椅状，高数厘米至数十米，坡度 60~80°，多为陡壁。

第六，滑坡台阶。滑体滑动时由于各段土体滑动速度的差异，在滑坡体表面形成的台阶状错台，每一错台都由一个陡坎和平缓台面所组成，故称滑坡台阶。

第七，滑坡舌。又称滑坡前缘或滑坡头部，滑坡体前缘形如舌状的部分，伸入沟谷或河流。

第八，滑坡周界。滑坡体和其周围不动体在平面上的分界线，它表示滑坡体在平面上的范围。

第九，滑坡鼓丘。滑坡体前缘因受阻力而隆起的丘状地形。

第十，滑坡主轴。滑坡体滑动速度最快的纵轴线，它代表整个滑坡的滑动方向，位于推力最大、滑床凹槽最深的纵断面上，可为直线、折线或曲线。

第十一，封闭洼地。滑体与滑坡壁之间拉开而形成的沟槽，其形状为四周高中间低的封闭洼地，积水后形成湿地、水塘甚至滑坡湖。

第十二，滑坡裂隙。指滑坡活动时在滑体及其边缘所产生的一系列裂缝。按产生原因及特征分为拉张裂隙、剪切裂隙、扇状裂隙、鼓张裂隙四类：①拉张裂隙：分布在滑坡体的上部，长数十米至数百米，多呈弧形，与滑坡壁的方向大致吻合或平行；②剪切裂隙：位于滑坡体中部的两侧，是由滑体与周围不动体相对位移而产生的剪切力作用所形成的，常呈羽毛状、雁形排列；③扇状裂隙：位于滑坡体的中前部，尤其是滑舌部呈扇形放射状展布的裂隙，是由于滑体向两侧扩散而形成的；④鼓张裂隙：位于滑体的前部，因滑动受阻而隆起形成的张性裂缝，其方向垂直于滑动方向。

三、滑坡的形成条件及影响因素

（一）滑坡的形成条件

1. 地层岩性

岩土体是产生滑坡的物质基础和必备条件，斜坡稳定与地层岩性有密切关系。各类岩、土都有可能构成滑坡体，但由结构松软、抗剪强度低、易风化和在水的作用下其性质易发生变化的岩土体构成的斜坡最易发生滑坡，如第四系各种成因的松散覆盖层、黄土、红黏土、膨胀岩土、页岩、泥岩、煤系地层、凝灰岩、片岩、板岩、千枚岩等。相反，坚硬完整的块状或厚层状岩石如花岗岩、灰岩、砾岩等可以构成几百米高的陡坡和深切峡谷，却很少发生滑坡，边坡变形和破坏以崩塌为主。斜坡内存在易滑地层是滑坡产生的内在条件，当该易滑地层因自然作用或人工活动而临空或受水软化，则其上覆地层就容易发生滑动，从而形成滑坡。

2. 地形地貌

滑坡必须具备临空面和滑动面才能滑动，因此，只有处于一定地貌部位并具备一定坡度的斜坡才可能发生滑坡。江河、湖泊、水库、海洋和冲沟的岸坡，坡脚受水流冲刷和侵蚀形成临空面，容易出现滑坡。我国滑坡的分布与地形地貌的关系表现在以下方面：

（1）长期上升剧烈的分水岭地区，中等至深切割（相对高度大于 500m）的峡谷区和岩体坚硬、节理发育、山谷陡峭地区，很少发生滑坡，易发生崩塌。

（2）宽广河谷地段，多由平缓斜坡或河流阶地组成。河流阶地和坡度 20~30° 的谷坡很少发生滑坡，重力堆积坡在自然或人为因素作用下容易发生重新滑动。

（3）峡谷陡坡地段的局部缓坡区，是重力堆积地貌或水流-重力堆积地貌，由过去的古岩堆、古错落、古滑坡或洪积扇组成，故当开挖时常出现古老滑坡的复活，古错落转为滑坡，或出现新滑坡活动。

（4）山间盆地边缘区为起伏平缓的丘陵地貌，是岩石滑坡和黏性土滑坡集中分布的地貌单元。坚硬岩层分布区，易发生岩体顺层滑坡，在易风化成黏性土的岩层分布区，以及古近系、新近系、第四系湖盆边缘的低丘地区，则常有残积成因的黏性土滑坡连片分布。

（5）凸形山坡或凸出山嘴，当岩层倾向临空面时，可产生层面岩体滑坡，有断层通过时，则可产生构造面破碎岩石滑坡。

（6）单面山缓坡区常产生沿层面的顺层滑坡和堆积层滑坡。

（7）线状延伸的断层陡崖或其下的崩积、坡积地貌常分布有堆积层滑坡，在断层裂隙水或其他地表、地下水作用下，常产生堆积物沿下伏基岩面的滑动。

（二）边坡稳定性的影响因素

1. 地质构造和岩体结构

地质构造对边坡的稳定性特别是岩质边坡稳定性有显著影响。地壳活动强烈、构造发育或新构造活动强烈地区，岩石破碎，山坡不稳定，崩塌、滑坡、泥石流等极其发育，常出现巨大型滑坡及滑坡群。例如，我国西部地区尤其是西南地区，如云南、四川、贵州、陕西、青海、甘肃、宁夏等省区，地壳活动强烈，地形切割陡峻，地质构造复杂，岩土体支离破碎，再加上降水量和强度较大，滑坡活动频繁，滑坡规模也较大。

大断层带及其附近、多组断裂相交叉部位、褶皱轴部等构造部位，岩石破碎，风化程度高，且经常有地下水的强烈活动，容易发生滑坡。

岩层或结构面的产状对边坡稳定有很大的影响。各种节理、裂隙、层理面、岩性界面、断层发育的斜坡，特别是当平行和垂直斜坡的陡倾构造面及顺坡缓倾的构造面发育时，最易发生滑坡。各种不同成因的结构面，包括不同风化程度的岩体接触面，当其在垂直临空面方向形成上陡（>60°）下缓（<40°）的空间组合，且出于各种原因切割而暴露了该软弱结构面时，容易产生滑坡。水平岩层的边坡稳定性较好，但如果存在陡倾的节理

裂隙，则易形成崩塌和剥落。同向缓倾的岩质边坡（结构面倾向和边坡坡面倾向一致，倾角小于坡角）的稳定性比反向倾斜的差，这种情况最易产生顺层滑坡。结构面或岩层倾角愈陡，稳定性愈差。如岩层倾角小于10°的边坡，除沿软弱夹层可能产生塑性流动外，一般是稳定的；大于25°的边坡，通常是不稳定的；倾角为15~25°的边坡，则根据层面的抗剪强度等因素而定。对于红色地层中黏土岩、页岩边坡，岩层倾角为13~18°时，最易发生顺层滑坡。同向陡倾层状结构的边坡，一般稳定性较好，但如由薄层或软硬岩互层的岩石组成，则可能因蠕变而产生挠曲弯折或倾倒。反向倾斜层状结构的边坡通常较稳定，但如果垂直层面或片理面的走向节理发育，且顺山坡倾斜，则亦易产生切层滑坡。

2. 水的作用

水在滑坡的形成中起着重要的作用，大部分滑坡都与水有关。正因为如此，滑坡主要发生在雨季特别是持续降雨或大暴雨期间。水对滑坡的影响主要表现在水对滑坡的坡脚冲刷、滑坡体内渗透水压力增大、滑面（带）岩土遇水软化和溶蚀等。

（1）水的浮托作用。主要是指滑坡前缘抗滑段被水淹没发生减重，削弱其抗滑能力而导致滑坡复活，在水库和洪水淹没区常发生此类滑坡。处于水下的透水边坡，承受浮托力的作用，使坡体的有效重量减轻，边坡稳定就受到影响。处于极限稳定状态，依靠坡脚岩体重量保持暂时稳定的边坡，坡脚被水淹没后，浮托力对边坡稳定的影响就更加显著。此外，边坡内地下水位的抬升，使岩体悬浮减重，孔隙水压力增加，有效正压力降低，从而使边坡的抗滑阻力减小。

（2）增大岩土体重度，从而加大滑坡的下滑力。

（3）软化斜坡岩土体，降低滑带岩土抗剪强度，降低内聚力和内摩擦角。

（4）增大岩土体地下水的动水压力。因滑动面（或滑坡前软弱带）土为相对隔水层，地表水体补给滑体后，多以滑面为其渗流下限，通过滑体渗流，然后在滑坡前缘地带呈湿地或泉水外泄，当雨水量过大或滑体渗流不畅时，水头上涌形成地下水动水压力，除重量增大外还受水压作用，导致滑体下滑力增大。

（5）水的冲刷、潜蚀和溶蚀作用。水流对抗滑部分的冲刷以及地下水的溶蚀和潜蚀都会对边坡产生破坏作用，导致斜坡失稳或滑坡复活。

3. 地震作用

地震，造成数以千计的滑坡与崩塌。我国地震造成的滑坡具有以下特征：

（1）分布范围广。一般在地震烈度7度区内就可能造成滑坡，5级左右的地震造成的滑坡比较多，8级以上地震，在距震中280km远的地方也能造成滑坡。

（2）数量多、密度高，一次大地震可能造成几千个滑坡。

（3）规模大、危害大，如叠溪 7.5 级地震、四川汶川 8.0 级地震引起大型滑坡。

（4）滑动速度快，滑动距离远。

（5）滑床坡度小，一般为 10° 左右，有的滑坡前缘坡度仅 3° 左右。

在进行边坡稳定计算时，应按照不同的地震烈度与震级，采用不同的地震系数，将地震力计入。在具备发生滑坡条件的强震区进行建设时，应当充分估计发生地震滑坡的可能性和危害性。

4. 人为作用

很多滑坡是人为工程活动造成的。根据全国性的调查，我国发生的危害严重、影响重大的滑坡，一半以上与不合理工程和开发活动有关。随着经济的发展，人类越来越多的工程经济活动破坏了自然坡体，因而近年来滑坡的发生越来越频繁，并有愈演愈烈的趋势。人为活动对滑坡的作用表现在以下方面：

（1）不适当开挖坡脚。在坡脚下修建房屋、公路、铁路、采石挖土、工程爆破等工程活动，导致坡脚破坏而使坡体下部失去支撑，从而引起滑坡或使老滑坡复活。

（2）人工爆破。开矿采石的爆破作用，可使斜坡的岩土体受震动而破碎，产生滑坡。

（3）蓄水和排水。如果水渗入坡体，会加大孔隙水压力，软化岩土，增大坡体容重，从而诱发滑坡的发生。水库蓄水后，作用在坡体上的动水压力也可诱发滑坡。

（4）采矿活动。地下采矿可以引起地表移动变形，变形如果发展到斜坡，可造成山体边坡破坏失稳，发生滑坡。

四、滑坡勘察

滑坡是一种对工程安全有严重威胁的不良地质作用和地质灾害，可能造成重大人身伤亡和经济损失，产生严重后果。因此，拟建工程场地或附近存在滑坡或有滑坡可能时，应进行专门的滑坡勘察。

滑坡勘察阶段的划分，应根据滑坡的规模、性质和对拟建工程的可能危害确定。例如，有的滑坡规模大，对拟建工程影响严重，即使在初步设计阶段，也要对滑坡进行详细勘察，以免等到施工图设计阶段再由于滑坡问题否定场址，造成浪费。

（一）勘察的任务

第一，通过调查访问、工程地质测绘、勘探等手段，查明滑坡地质背景和形成条件，找出形成滑坡的主导因素。

第二，查明滑坡形态要素、性质和演化，包括滑坡平面和剖面分布、滑坡周界、地层结构和物质组成、滑动方向、滑动带的部位和岩土特征、滑面位置和形状、滑坡总体积等。

第三，通过勘探、原位测试、室内试验、反算和经验比拟等综合方法，确定滑坡体、滑坡面（带），提供滑坡的平面图、剖面图和岩土工程特征指标，为滑坡稳定性分析以及滑坡防治提供参数。

第四，综合评价滑坡的稳定性。根据滑坡的规模、主导因素、滑坡前兆、滑坡区的工程地质和水文地质条件以及稳定性验算结果，对滑坡的稳定性做出合理评价。

第五，提出滑坡防治和监测的建议、措施和方案。

（二）工程地质测绘和调查

第一，工程地质测绘与调查的范围应包括滑坡及其邻近地区，在特殊地区及具有滑坡形成条件的地段，应视需要而定，必要时应扩大调查测绘范围。测绘的比例尺根据滑坡规模在1∶200~1∶1000之间选用，但用于滑坡整治设计的测绘比例尺为1∶200~1∶500。

第二，广泛收集测绘范围内地形地貌、气象水文、地层岩性、地质构造、水文地质条件、地震、人类活动、遥感图像等资料，分析和判断滑坡的形成条件和主导因素。

第三，滑坡区地形地貌的调查内容包括：①坡区地面坡度、相对高度及植被情况；②滑体上沟谷分布发育部位、切割深度、切割地层岩性、沟槽横断面形状、泉水情况、沟岸稳定情况；③滑坡地段河岸或谷坡受冲刷、淤积及河道变迁情况；滑坡周界形状，剪出口位置，滑坡断裂壁的形状、位置、走向、陡度、高度及擦痕的指向和倾角；④滑坡台阶的形状、位置、高差、坡度、个数及其形成的次序、平台宽度、阶坎高度、反坡、滑坡舌、滑坡体隆起（鼓丘）及洼地范围及形成特征；⑤滑坡前缘隆起、冲刷、滑塌、人工破坏状况，临空面特征、滑动面（带）出口位置；⑥滑坡裂缝的分布位置、范围、方向、性质、形状、宽度、深度、延伸长度及裂缝充填、裂缝产生的时间和变化情况；⑦滑坡脚破坏的原因及破坏程度。

第四，滑坡区地层岩性、地质构造的调查内容包括：①土的成因类型、颗粒成分、构造特征、潮湿程度、密实程度、软弱夹层情况；②岩层层序、岩性、岩体结构、软弱结构面、软弱夹层特征以及层间错动、岩石风化破碎程度、含水情况等；③褶皱、断层、节理、劈理性质、产状、组合状况、发育程度及分布情况。

第五，滑坡区水文地质条件的调查内容包括：①滑坡区沟系发育特征、径流条件和降雨量情况；②地下水含水层出露的位置、埋藏条件、性质、流向、补给来源及排泄条件；③地下水露头（如井、泉、水塘、积水洼地、潮湿地、喜湿植物群等）的分布位置、类型、流量及发展变化规律，必要时，应测定流速和水力联系。

第六，滑坡的调查、访问内容包括：①滑坡形成的时间、发生、发展历史、触发（诱发）因素、滑动速度及周期；②滑体各部位滑动的先后次序及各部位地面隆起、凹陷平面移动状况、地貌演变、地表水、灌溉等水源向滑坡体渗透、补给及修造道路、开矿弃渣等人为活动情况、冲沟的形成、发展速度及发育阶段；③斜坡、房屋、水渠、道路、古墓等变形、位移及井、泉、水塘渗漏或突然干枯、浑浊等滑坡前兆现象；④收集该区气候（连续降雨时间、暴雨强度和冻融季节变化与滑体活动的关系）、新构造运动、地壳应力场、地震、水文等以及河水冲刷与滑坡活动的关系资料；⑤滑体上建筑物的位移、破坏与修复过程；⑥当地治理滑坡的经验。

第七，在滑坡群集中区或多发区，应着重进行对古（老）滑坡、复式滑坡、新生滑坡的调查和识别。

（三）滑坡勘探工作要求

第一，勘探线和勘探点的布置应根据工程地质条件、地下水情况和滑坡形态确定。勘探线应沿主滑动方向布置，主轴线两侧也应布置一定数量的勘探线和勘探点。孔位应尽可能布置在滑面及地形变化点附近，勘探点的间距不宜大于 40m，每条剖面钻孔数不少于 2孔，孔位宜错开布置，以增大钻孔的覆盖面；在滑坡体转折处和预计采取工程措施的地段，应有一定数量的勘探点。

第二，为准确查明地层结构和各层滑动面（带）的位置，勘探方法除常规钻探和触探外，还应布设一定数量的探井和探槽，直接观察滑动面并采取滑面的土样。对规模较大的岩体滑坡宜布置物探工作。

第三，勘探孔的深度应穿过最下一层滑动面，并进入稳定地层，控制性勘探孔应深入稳定地层一定深度，满足滑坡治理需要。

第四，钻探宜采用管式钻头、全取芯钻进，钻探方法应以干钻为主，深孔时采用风压钻进。钻进过程中要特别注意观察并描述钻进难易程度、缩孔的位置、孔内水文地质观测、初见水位、顶底板岩性、各深度岩性组成、含水量、破碎程度、层面倾角以及擦痕等，并及时详细记录，根据岩芯的特征判断确定滑动面（带）的位置。

滑动面（带）的岩芯特征包括：①堆积层滑坡滑带岩芯细粒土或黏性土相对增多，含水量增大，晾干后岩芯可见镜面及擦痕；②风化带滑坡滑带常在强风化带与中等风化带接触带附近；③岩层滑坡滑带岩性相对破碎，多被碾磨成细粒状，并可在其中找到擦痕和光滑面；④破碎地层与完整地层的界面都可能是滑动面位置；⑤河谷岸坡滑坡前缘段滑体以下常能见到河床相沉积物，该地层面附近可能为滑面位置；⑥滑带上部附近常为地下水初见水位，在含水量随深度的变化曲线上，含水量最大处可能是滑动面（带）；⑦孔壁坍塌、卡钻、漏水、涌水甚至套管变形等部位可能是滑动面位置。

第五，在滑坡体、滑坡面（带）和稳定地层内，均应采取足够数量的岩土样进行岩土试验。

第六，查明地下水类型、含水层层数和厚度、地下水富集程度、地下水水位及变化、地下水流向和流速等，必要时设置地下水监测孔。

五、滑坡防治措施

滑坡对人类危害性很大，因此，滑坡的防治应采取以预防为主、综合治理、及时处理的原则。就预防而言，在斜坡地带进行各类工程建设之前，必须做好工程勘察工作，查明有无滑坡的存在，并评价斜坡的稳定性。当在斜坡地带挖填方时，必须查明坡体岩土体条件，并采取必要措施，避免发生工程滑坡。对于大型的、稳定性差、治理难度大的滑坡以及近期正在活动的滑坡，一般情况下建设工程应加以避让，特别是当避让比滑坡治理经济技术更合理时，首先应考虑避让措施。当必须进行建设不能避让时，应制订经济技术合理的治理方案，全面消除可能发生的滑坡危险。常用的防治措施和方法有如下：

（一）防水和排水措施

水是诱发滑坡最积极的因素，排水和防水措施的目的在于防止和减少水体进入滑坡体内，排除滑坡中的地下水，以达到减少滑坡下滑力的目的。

为防止外围地表水进入滑坡体范围之内，可采取拦截和引排地表水措施，在滑坡体周围修筑截水沟、槽和排水暗沟；在滑坡区内修筑排水沟，将地表水和泉水引走，减少地表水下渗的机会。必须注意，所有排水沟槽必须防渗，否则会起到相反的效果。为防止地表水渗入滑坡体，还应平整坡面，用灰浆和黏土堵塞裂隙或修筑防渗层。斜坡下有水库、河流、湖泊等地表水体时，为防止地表水流的冲刷，可修筑导流堤（顺坝或丁坝）、水下防波堤以及在坡脚处修筑混凝土或砌石护坡等措施。

排除滑坡体内地下水，并截断其渗入补给，是防治深层滑坡的主要措施。疏排地下水的方法很多，应根据斜坡岩土体结构特征和水文地质条件加以选择。在滑坡外围可修建截水沟，以截断地下水的补给来源；在滑坡体内可修筑盲洞（也称泄水隧道）或平孔等；在滑坡体前缘，可修筑具有排水和抗滑双重作用的盲沟或盲沟群。对于深层地下水，可采取水平钻孔排水，即从坡面打水平或略微倾斜的钻孔或孔群，钻入含水层或含水带，靠水的重力作用把地下水引出。该方法成本低，施工方便，适用性强，常能起到较好的排水效果，应用比较普遍。水平钻孔的布设有单层、多层、平行状或辐射状多种方式，也可采用垂直砂井和水平孔联合排水方式。此外，也可采用打竖向钻孔或集水井并用水泵抽水的方法排除深层地下水。该方法成本较高，较少使用。

（二）卸荷措施

通过部分甚至全部清除滑坡体，减小斜坡高度和坡度，降低滑体下滑力，从而达到提高滑体稳定性的目的。使用这种方法治理滑坡时，应当注意，在保证卸载区上方及两侧岩土稳定的前提下，只能在滑坡主动区卸载，而不能在滑体被动区卸载。否则，不仅起不到防治效果，相反可能会有利于滑坡的活动。因此，该方法适合用于浅小型推动式滑坡的治理。对于其他类型的滑坡，如仅仅采用卸荷措施，有时达不到根治目的。我国20世纪50年代以削坡减荷为主要方法治理的滑坡，后来不少又复活了。因此，采用该方法治理滑坡时，要注意削坡减荷条件，并采用综合治理的方案。应防止削坡后出现新的塌方滑坡或导致地表水汇集，并要有合适的弃方堆积场地，以防堆积物发生滑坡泥石流。

（三）抗滑措施

通过设置抗滑挡墙、抗滑桩和锚固（锚杆和锚索）等方法，达到提高滑坡抗滑力的目的，这是治理滑坡的有效措施之一，目前已被广泛使用。

1. 抗滑挡土墙

一般常采用重力式挡土墙。其位置通常设置于滑坡体前部，墙身采用石砌体、混凝土块砌体、片石混凝土或混凝土，基础置于滑动面以下的稳定地层中。

2. 抗滑桩

适用于深层滑坡和各类非塑性流滑坡，对缺乏石料的地区和处理正在活动的滑坡，更为适宜。我国的抗滑桩多为钢筋混凝土桩，矩形截面，其尺寸有的达2m×4m，甚至更大。

3. 锚杆和锚索

这是最近20年来发展起来的新型支撑方法，适用于加固岩质边坡。该法是在拟加固的岩体上钻孔，孔深达到滑动面以下稳定地层一定深度，将预应力锚杆或锚索置入孔内，然后将其用水泥砂浆固定，孔口以螺栓固定。锚杆、肋柱和挡板组合在一起，还可以构成锚杆式挡墙，以提高斜坡的稳定性。

此外，在滑体的阻滑区段增加竖向荷载（反压措施），也可以起到提高滑体的阻滑安全系数的作用。还可以采用固结灌浆、电化学加固法、焙烧法等措施，以提高斜坡岩体或土体的强度，增加斜坡的稳定性。

第二节　泥石流地质灾害勘察与防治

一、泥石流及其危害

"由于近年来全球气候异常，国内旱涝灾害频发，泥石流等地质灾害发生频率呈逐年上升趋势，严重危害着我国的社会经济发展。"泥石流是洪水携带大量泥、砂、石块等固体物质，沿着陡峻山间河谷下泄而成的特殊性洪流。其形成过程复杂，暴发突然，来势凶猛，历时短暂，侵蚀和破坏力极大，常给山区人民生命财产和经济建设造成重大损害。由于我国多山、多地震、多暴雨、水土流失严重，所以泥石流分布普遍，并成为仅次于地震的一种严重地质灾害。据不完全统计，全国已有100多个县、市遭受过泥石流袭击，直接经济损失数十亿元。泥石流对人类危害主要表现在以下方面：

第一，冲毁地面建（构）筑物，淹没人畜，毁坏土地甚至造成村毁人亡的灾难。

第二，摧毁铁路、公路、桥涵等设施，阻断交通，严重时可引起火车、汽车倾覆。1981年暴雨引起宝成铁路和陇海铁路宝天段暴发泥石流，宝成铁路线5座车站被淤埋，50余处受灾，中断行车达两个月之久，成为我国铁路史上最大规模的泥石流灾害之一。

第三，冲毁水利水电设施，严重泥石流常堵塞江河和水库、毁坏大坝等。

第四，冲毁矿山及其设施，淤埋矿山坑道和矿工，影响矿井生产甚至使矿山报废。

第五，严重破坏地质环境和生态环境。泥石流具有强大的侵蚀作用，一次大型的泥石流活动可使沟谷下切几十米，剧烈地改造地表形态，破坏两岸山体的稳定性，使滑坡、崩塌不断发生，加剧泥石流的发展。大型泥石流能将百万立方米的石块冲入河流谷地，堆积在河谷下游开阔地带，形成巨大的堆积扇。

因此，拟建工程场地或其附近有发生泥石流的条件并对工程安全有影响时，应进行专门的泥石流勘察。

二、泥石流的形成条件

泥石流的形成与所在地区的自然条件和人类活动有密切关系，泥石流的形成必须同时具备三个条件：地质条件、地形地貌条件和水源条件。

（一）地质条件

泥石流的物质组成除水外，还有大量的泥、砂和石块等固体物质，丰富的松散物质

（泥、砂、石块）是泥石流产生和发展的物质条件。地质条件包括地质构造、地层岩性、地震活动和新构造运动以及某些物理作用等因素，正是这些地质因素的相互联系和相互作用，才能为泥石流的发生提供充足的固体物质来源。地质构造复杂、断裂褶皱发育、新构造活动强烈、地震烈度较高、外力地质作用强烈的地区，地表岩层破碎，滑坡、崩塌等物理地质现象发育，地表往往积聚有大量的松散固体物质。岩层结构疏松软弱、易于风化、节理发育或软硬相间成层地区，也能为泥石流提供丰富的碎屑物来源。此外，一些人类工程经济活动，如滥伐森林造成的水土流失，开山采矿、采石弃渣等，往往也为泥石流提供了大量的物质来源。

（二）地形地貌条件

泥石流从形成、运动到最后堆积，每个过程都需要有适合的场地，形成时必须有汇水和集物场地，运动时须有运动通道，堆积时须有开阔的地形。山高沟深、地势陡峻、沟床纵坡降大的地形有利于泥石流的汇集和流动。泥石流沟谷在地形地貌和流域形态上往往有其独特反映，典型的泥石流沟谷，从上游到下游可分为三个区，即上游形成区、中游流通区和下游堆积区。

形成区多为高山环抱的山间盆地，地形多为三面环山、一面出口的围椅状地形，周围山高坡陡，地形比较开阔，山体破碎、坡积或洪积等成因的松散堆积物发育，地表植被稀少，有利于水和碎屑物质的汇集；流通区多为狭窄陡深峡谷，沟谷两侧山坡陡峻，沟床顺直，纵坡梯度大，有利于泥石流快速下泄；堆积区则多呈扇形或锥形分布，沟道摆动频繁，大小石块混杂堆积，垄岗起伏不平；对于典型的泥石流沟谷，这些区段均能明显划分，但对不典型的泥石流沟谷，则无明显的流通区，形成区与堆积区直接相连。

（三）水源条件

水不仅是泥石流的重要物质组成，也是泥石流的重要激发条件和搬运介质。泥石流的形成常与短时间内突然性的大量流水有密切关系，如连续降雨、暴雨、冰川积雪消融、水库溃决等。松散固体物质大量充水达到饱和后，结构被破坏，摩擦阻力下降，滑动力加强，从而发生流动。我国形成泥石流的水源主要来自大气降水，因此持续性的降雨和暴雨，尤其是特大暴雨后，山区很容易发生泥石流。

人类不合理的经济活动对泥石流的形成也会起到促进作用，如陡坡垦殖、开矿、修路、采石等生产建设中乱采乱挖及随意倾倒废土、弃石、矿渣等。

三、我国泥石流的发生规律

（一）泥石流分布地区规律

我国泥石流灾害比较严重的地区主要包括：①云南西北部和东北部地区；②四川西部地区；③陕南秦岭—大巴山区，主要是陕西、甘肃、山西和四川北部等地；④西藏喜马拉雅山地；⑤辽东西部和南部山区。

大体上从喜马拉雅山开始，经念青唐古拉山东段、波密—察隅山地、横断山脉、乌蒙山、大凉山、秦巴山地、中条山、太行山、燕山，到辽西、辽南山地，形成总体呈北东向的泥石流密集带。

（二）泥石流形成条件规律

泥石流分布明显受地质、地形和降水条件的控制。

第一，泥石流多分布在地质构造复杂、新构造活动强烈、地震活动频繁、地形切割强烈、岩石破碎、植被稀少的山区，如青藏高原、四川、云南等。

第二，泥石流多由暴雨激发而成，因此其分布受气候条件控制，温带和半干旱山区，特别是干湿交替、局部暴雨强度大、冰雪融化快的地区易产生泥石流，如云南、四川、甘肃、陕西、西藏等。这些地区不仅降水强度大，且地表岩石风化严重，松散固体物质丰富，暴雨或持续降雨极易激发泥石流。

第三，泥石流多发生在片岩、千枚岩、板岩、页岩、泥岩、砂岩以及黄土等易风化地层分布区，坚硬岩层如花岗岩分布区很少发生。

（三）泥石流发生时间规律

泥石流的发生时间特点如下：

第一，泥石流具有明显的季节性，一般多发生在降水集中的夏季和秋季，不同地区因集中降雨时间存在差别，泥石流集中发生的时间有所不同。西南地区的泥石流多发生在6—9月，西北地区的泥石流多发生在7—8月，发生在这两个月的泥石流灾害占全部泥石流灾害的90%以上。

第二，泥石流的发生和发展有一定的周期性，且其活动周期与洪灾、地震的活动周期大体一致。当洪灾和地震活动周期叠加时，常能形成泥石流活动的高潮。

第三，泥石流多发生在一次降雨的高峰期或持续降雨之后。

四、泥石流勘察的要点

（一）勘察阶段的划分和勘察

泥石流对工程威胁很大。泥石流问题若不在前期发现和解决，会给以后工作造成被动或在经济上造成损失，故泥石流勘察应在可行性研究或初步勘察阶段完成。

泥石流虽然有其危害性，但并不是所有泥石流沟谷都不能作为工程场地，而取决于泥石流的类型、规模、目前所处的发育阶段、暴发的频繁程度和破坏程度等，因而勘察的任务应认真做好调查研究，查明泥石流的地质背景和形成条件，查明形成区、流通区、堆积区的分布和特征并绘制专门工程地质图，预测泥石流的类型、规模、发育阶段和活动规律，做出确切的评价，正确判定作为工程场地的适宜性和危害程度，并提出相应的防治措施和监测的建议。

（二）勘察方法和基本要求

在一般情况下，泥石流勘察不进行勘探或测试，重点是工程地质测绘和调查。测绘范围应包括沟谷至分水岭的全部地段和可能受泥石流影响的地段，即包括泥石流的形成区、流通区和堆积区。对全流域宜采用 1：50 000 测绘比例尺，对中下游可采用 1：2000 ~ 1：10 000 比例尺。泥石流勘察工程地质测绘和调查重点内容如下：

第一，气象水文、冰雪融化和暴雨强度、一次最大降雨量、平均及最大流量地下水活动等情况；包括历年降水及时空分布、暴雨强度和持续时间、地表径流情况、冰川和积雪的分布及消融期、高山水库的库容、坝型。

第二，地形地貌特征和地质构造。地形地貌特征包括沟谷的发育程度、切割情况、坡度、弯曲、粗糙程度，从宏观上判定沟谷是否属泥石流沟谷，划分泥石流的形成区、流通区和堆积区，圈绘整个沟谷的汇水面积。

地质构造方面包括地质构造、岩层岩性、岩石风化程度、不良地质现象、第四纪松散沉积物分布、地震活动、地下水分布、植被类别、覆盖程度及水土保持情况等。

第三，形成区的水源类型、水量、汇水条件、山坡坡度、岩层性质和风化程度；查明断裂、滑坡、崩塌、岩堆等不良地质作用的发育情况及可能形成泥石流固体物质的分布范围、储量；正确划分各种固体物质的稳定程度，以估算一次供给的可能数量。

第四，流通区的沟床纵横坡度、跌水、急湾等特征；查明沟床两侧山坡坡度、稳定程度、沟床的冲淤变化和泥石流的痕迹。

流通区应详细调查沟床纵坡，因为典型的泥石流沟谷流通区没有冲淤现象，其纵坡梯度是确定不冲淤坡度（设计疏导工程所必需的参数）的重要计算参数；沟谷的急湾、基岩跌水陡坎往往可减弱泥石流的流通，是抑制泥石流活动的有利条件；沟谷的阻塞情况可说明泥石流的活动强度，阻塞严重者多为破坏性较强的黏性泥石流，反之则为破坏性较弱的稀性泥石流；固体物质的供给主要来源于形成区，但流通区两侧山坡及沟床内仍可能有固体物质供给，调查时应予注意。泥石流痕迹是了解沟谷在历史上是否发生过泥石流及其强度的重要依据，并可了解历史上泥石流的形成过程、规模，判定目前的稳定程度，预测今后的发展趋势。

第五，堆积区的堆积扇分布范围、表面形态、纵坡、植被、沟道变迁和冲淤情况；查明堆积物的性质、层次、厚度、一般粒径和最大粒径；判定堆积区的形成历史、堆积速度，估算一次最大堆积量。堆积区应调查堆积区范围、最新堆积物分布特点等，以分析历次泥石流活动规律，判定其活动程度、危害性，说明并取得一次最大堆积量等重要数据。

一般来说，堆积扇范围大，说明以往的泥石流规模也较大，堆积区目前的河道若已形成了较固定的河槽，说明近期泥石流活动已不强烈。从堆积物质的粒径大小、堆积的韵律，亦可分析以往泥石流的规模和暴发的频繁程度，并估算一次最大堆积量。

第六，泥石流沟谷的历史，历次泥石流的发生时间、频数、规模、形成过程、暴发前的降雨情况和暴发后产生的灾害情况。

第七，开矿弃渣、修路切坡、砍伐森林、陡坡开荒和过度放牧等人类活动情况。

第八，当地防治泥石流的经验。当需要对泥石流采取防治措施时，应进行勘探测试，进一步查明泥石流堆积物的性质、结构、厚度、固体物质含量、最大粒径、流速、流量、冲出量和淤积量等。这些指标是判定泥石流类型、规模、强度、频繁程度、危害程度的重要标志，同时也是工程设计的重要参数。如年平均冲出量、淤积总量是拦淤设计和预测排导沟沟口可能淤积高度的依据。

五、泥石流的防治措施

（一）泥石流防治原则

泥石流是多种地质因素和人为因素综合作用的结果，成因复杂，治理难度大。因此，泥石流的防治应遵循以防为主、防治结合、避强治弱、重点治理、工程措施和水土保持相结合、综合防治的原则。

选择防治措施不仅要考虑泥石流类型、规模、性质和危害程度，还要考虑工程性质、规模和重要性。如对稀性泥石流适宜采取防水、治水和排导措施，而对黏性泥石流宜采取治土和拦挡措施。大型特殊工程，须对泥石流全面规划处理，而中小型工程可局部防护重点整治。泥石流规模和危害性越大，防治难度越大，防治工程的规模就越大，投资也就越大，此时，可以考虑采取避让措施。

（二）泥石流防治措施

1. 生物措施

水土流失与泥石流间互为因果关系，水土流失是造成泥石流的主要原因，泥石流又是水土流失恶性发展的直接后果。水土保持和防止水土流失对于泥石流的防治可以起到标本兼治的作用。实现水土保持的途径很多，如植树造林、封山育草、人工种植草皮、平整山坡、整治不良地质现象、加固沟岸、修建坡面排水沟、引水渠、导流堤、鱼鳞坑等。这些措施可以起到保护坡面、固结土层、减少坡面物质的流失量、调节坡面水流、削减坡面水径流量、削弱水动力、增大坡体的抗冲蚀能力、稳定沟岸等方面的作用，泥石流失去了物质来源也就很难发生，即使发生，规模和危害也将降低。然而，我国是世界上水土流失最为严重的国家之一，水土保持工作的任务还很艰巨，一些地区暴发泥石流危险很大。

生物措施防治泥石流具有经济实用、效果好、应用范围广、能改善自然生态环境和保持生态平衡等特点，是防治水土流失、减轻泥石流灾害的主要措施。

2. 工程措施

在有泥石流潜在危险区，通过兴建各种工程如水土保持工程、蓄水、引水工程、拦挡工程、支护工程、排导工程等，可以更为直接地控制泥石流的发生和发展，降低泥石流对人类的危害。泥石流沟谷从上游、中游到下游分形成区、流通区和堆积区，各区防治对策不同，工程措施也不同。

泥石流形成区以治理水土流失为主，通过平整山坡、人工植树种草、人工护坡、整治不良地质现象，修建坡面排水系统等工程措施，减少水土流失，阻断或减少泥石流物质来源。

泥石流流通区以拦挡护坡措施为主，通过修筑拦截坝、溢流坝、隐坝、谷坊、拦栅坝、护坡、挡墙等工程，拦蓄泥石流固体物质，控制泥石流规模、流量和物质组成，固定沟床，减缓沟谷纵坡比降，防止沟岸冲刷。

泥石流堆积区以排导停淤措施为主，通过修筑导流堤、束流堤、渡槽、急流槽、停淤场、拦淤库等工程，改善和人为控制泥石流流向和流速，引导泥石流安全疏排或沉积于固定位置。

对受到泥石流威胁的桥梁、隧道、路基、建筑物等工程设施，可以采取支护和支挡措施，通过修建护坡、挡墙、顺坝和丁坝等工程，抵御或消除泥石流对建筑物的冲刷、冲击、侧蚀和淤埋等危险。线路工程防治泥石流的措施以排导为主，修建急流槽，把泥石流排到不妨碍交通安全的地区。

第三节　岩溶地质灾害勘察与防治

一、岩溶

岩溶，又称喀斯特，是指水对可溶性岩石的溶蚀作用，以及所形成的地表及地下各种岩溶形态与现象的总称。可溶性岩石包括碳酸盐岩（石灰岩、白云岩等）、硫酸盐岩（石膏、硬石膏、芒硝等）、卤化物盐（钠盐、钾盐）等，其中硫酸盐岩和卤化物盐最易被水所溶蚀，而碳酸盐岩则相对难于溶蚀。碳酸盐岩在我国分布范围很广，占有绝对优势，因此，人们对岩溶和岩溶问题的研究主要侧重于碳酸盐岩类岩石上。

岩溶作用不仅包括水对岩石的溶解，还包括水的侵蚀、潜蚀、冲蚀、搬运、沉积作用，以及水的崩解和生物作用等。岩溶形态是岩溶作用的结果，常见的地表岩溶形态有：溶沟、溶槽、溶蚀漏斗、溶蚀洼地、溶蚀平原、溶蚀谷地、溶洞、石林、峰丛、峰林、干谷、盲谷、落水洞、竖井和孤峰等；地下岩溶形态有溶隙、溶孔、溶洞和暗河等。

二、岩溶发育的基本条件

岩溶是可溶性岩石与水长期相互作用的结果，岩溶化过程实际上就是水作为营力对可溶岩层的改造过程。因此，岩溶发育必不可少的两个基本条件是：可溶性的岩层和具有侵蚀能力的水。由这两个基本因素派生出一系列影响因素。例如，可溶岩的存在、可溶岩必须是透水的、具有侵蚀能力的水以及水是流动的。

三、岩溶发育的基本规律

（一）岩溶发育具有强烈的不均匀性

岩溶发育程度受地层岩性、成分、结构、地质构造、水文地质条件、气象、水文等多种因素的控制与影响，这些因素的空间变化悬殊，不同地区、同一地区的不同地点岩溶发育程度具有很大的不均匀性。从规模上讲，不仅有规模巨大、延伸长达数千米的溶洞和暗河，也有十分细小的溶孔和溶隙。

（二）岩溶发育程度与岩性、成分和结构有关

厚层、质纯和粗粒的石灰岩，岩溶发育强烈，洞体规模大；而含有泥质或硅铝质成分、层理较薄、结构致密的灰岩，岩溶发育程度弱。泥质或硅铝质成分含量越高，发育程度越差。可溶性岩层与非可溶性岩层的接触带上，有利于水的活动，岩溶一般较发育。

（三）岩溶发育程度受地质构造的控制

岩石节理发育的较节理稀少的岩石岩溶发育，断层及破碎带不仅岩石破碎和裂隙密集，而且也常是地下水运动的通道，因此岩溶发育强烈。岩溶漏斗、落水洞、竖井、溶洞、地下暗河等常沿构造线展布。

（四）岩溶发育具有水平分带性和垂直分带性

岩溶地区地下水的运动状况具有水平分带性和垂直分带性，因而所形成的岩溶也有分带性。在同一地区，从河谷向分水岭核部，地下水交替强度一般是逐渐变弱，受此控制，岩溶发育程度由河谷向分水岭核部逐渐减弱。在地下水向河谷排泄的地区，岩溶发育一般具有垂直分带性。以大气降水的间歇性垂向运动为主的包气带，常形成垂向发育的溶蚀裂隙、落水洞、溶蚀漏斗及竖井等。地下水面以下一定深度的饱水带，地下水的水平径流强烈，岩溶最为发育，常形成水平状的溶洞管道甚至暗河。深部饱水带，地下水的径流迟滞，岩溶发育微弱，且越往深处岩溶就越不发育。河谷地区的水平洞穴往往成层分布，当地壳或基准面升降时，可以形成数层水平洞穴。

四、岩溶地区的主要工程地质问题

岩溶在我国是一种相当普遍的不良地质作用，在一定条件下可能发生地质灾害，严重威胁工程安全。特别是大量抽吸地下水，使水位急剧下降，引发土洞的发展和地面塌陷，在我国已有很多实例。故拟建工程场地或其附近存在对工程安全有影响的岩溶时，应进行岩溶勘察。

岩溶对工程的不良影响主要表现在以下方面：

（一）岩溶岩面不均匀起伏

由于岩溶发育常具有强烈的不均匀性和各向异性特征，岩面起伏很大，上覆土质地基厚度和变形不均，在水平方向上相距很近的两点，土层厚度有时相差很大。

（二）岩体洞穴顶板变形、坍塌

一些浅埋的岩溶洞穴系统在发育过程中，经常会出现洞穴顶板和洞壁的崩塌，造成地基破坏。因此，溶洞分布密集且地下水交替循环活跃的地段，溶洞规模较大而洞顶板地层薄弱的地段、石膏或岩盐溶洞地区等都不宜作为建筑物的天然地基。

（三）土洞和岩溶塌陷

土洞。在可溶性岩层被第四系松散地层覆盖区，由于地下水的溶蚀、潜蚀、冲蚀等作用，土中的可溶成分被溶滤，土中细小颗粒被带走，土体被掏空形成土洞。土洞发展到一定程度，其上覆土层会发生塌陷，导致地面陷落或变形。

岩溶塌陷。岩溶塌陷有广义和狭义之分。广义的岩溶塌陷不仅包括土洞的塌陷，还包括碳酸盐岩洞穴的塌陷。岩溶地区岩土工程中经常遇到并易造成危害的塌陷主要是土洞塌陷，即狭义岩溶塌陷。

岩溶塌陷具有隐蔽性和突发性的特点，对场地、地基的危害很大，不仅会造成建筑物变形、倒塌，还会毁坏道路、农田、水利水电设施等，严重时使人民生命财产遭受巨大损失。我国已有数十个城市发生了岩溶地面塌陷，其中唐山、大连、秦皇岛、泰安、武汉、徐州、南京、桂林、六盘山、昆明等城市最为严重。

（四）水库渗漏问题

碳酸盐岩地层一般岩溶发育，渗透性和导水性好，而水文地质条件较复杂。因此，在岩溶地区修建水库、大坝等水利水电设施时，渗漏问题比较突出。一些水利工程，因渗漏严重，不得不耗费大量资金和材料进行处理，或因渗漏无法治理而影响水利工程的使用。

（五）地下水的动态变化

覆盖型岩溶场地特别是岩溶地层上覆的土层中有土洞存在时，如果大量抽取地下水，地下水位大幅度下降，将减小地下水对土层的浮托力，同时增大水对土洞的潜蚀作用，影响溶洞或土洞的稳定性，使洞体坍塌，危及地面建筑物的安全。

五、岩溶地区岩土工程勘察

（一）岩溶勘察工作的原则

岩溶地区岩土工程勘察应采用工程地质测绘和调查、物探、钻探等多种手段相结合的方法进行，在岩溶地区进行岩土工程勘察时，应遵循以下原则：

第一，重视工程地质研究，在工作程序上必须坚持以工程地质测绘和调查为先导。

第二，岩溶规律研究和勘探应遵循从面到点、先地表后地下、先定性后定量、先控制后一般、先疏后密以及评价中先定性后定量的工作准则。

第三，依不同的探测对象和对工程的影响程度，有区别地选用勘探手段，如查明浅层岩溶可采用槽探，查明浅层土洞可用钎探，查明深埋土洞可用静力触探等。

第四，采用综合物探，用多种方法相互验证，但不宜以未经验证的物探成果作为施工图设计和地基处理的依据。

第五，岩溶地区有大片非可溶性岩石存在时，勘察工作应与岩溶区段有所区别，可按一般岩质地基进行勘察。

（二）岩溶勘察阶段的划分

岩质地基勘察一般划分为四个阶段，即可行性研究勘察、初步勘察、详细勘察和施工勘察。各勘察阶段任务、方法和工作量都有所不同，应按勘察阶段开展岩土工程勘察工作。

可行性研究勘察应查明岩溶洞隙、土洞的发育条件，并对其危害程度和发展趋势做出判断，对场地的稳定性和工程建设适宜性做出初步评价。

初步勘察应查明岩溶洞隙及其伴生土洞、塌陷的分布、发育程度和发育规律，并按场地的稳定性和适宜性进行分区。

详细勘察应查明拟建工程范围及有影响地段的各种岩溶洞隙和土洞的位置、规模、埋深，岩溶堆填物性状和地下水特征，对地基基础设计和岩溶的治理提出建议。

施工勘察应针对某一地段或尚待查明的专门问题进行补充勘察。当采用大直径嵌岩桩时，尚应进行专门的桩基勘察。

（三）岩溶工程地质测绘与调查

岩溶洞隙、土洞和塌陷的形成和发展与岩性、构造、土质和地下水等条件有密切关系。岩溶场地工程地质测绘除应着重查明岩溶洞隙、土洞和岩溶塌陷的形态和分布规律外，还要注意分析它们的形成条件、研究机制和规律，为岩土工程初步分析评价和进行更深入的勘察打下良好基础。岩溶地区的工程地质调查应重点调查下列内容：

第一，岩溶洞隙的分布、形态和发育规律。包括洞隙位置、形状、延伸方向、顶板与底部状况、围岩（土）及洞内堆积物性状、塌落的形成时间与形成因素等，岩溶洞隙与岩性、构造、水文地质条件的关系等。

第二，岩面起伏、形态和覆盖层厚度。包括基岩表面的溶芽、溶沟槽和基岩面附近的洞穴或溶隙等，覆盖土层岩性、厚度及其变化、地表水和地下水对土的潜蚀作用等。

第三，地下水赋存条件、水位变化和运动规律。

第四，岩溶发育规律。包括岩溶发育与地层的岩性、结构、厚度及不同岩性组合的关系，与断层、褶皱和地层产状的关系，与地貌、水文及相对高程的关系，与地下水径流强度之间的关系等，并划分出岩溶微地貌类型、水平分带和垂向分带。

第五，土洞和塌陷的分布、形态和发育规律以及成因及其发展趋势。包括土洞和塌陷的位置、类型、形态、规模、空间成因类型和分布规律，与土层岩性和厚度、下伏基岩岩溶特征、地表水和地下水动态及各种人为因素的相互关系，查明土洞和塌陷的成因，并预测其未来发展趋势。因此，对具备形成土洞条件的场地，要特别注意调查人为抽排地下水所引起的水动力条件的改变，以及对土洞和塌陷的影响。当场地及其附近有已建或拟建抽排地下水工程时，应调查抽排水量、水位降深和水文地质参数等资料，据此预测地表塌陷的趋势。

第六，当地治理岩溶、土洞和塌陷的经验。

（四）岩溶勘察各阶段勘探方法

勘探方法的选择可根据勘察阶段、岩溶发育特征、工程安全等级、荷载大小综合确定。

1. 可行性研究勘察和初步勘察

在岩溶区进行工程建设，存在严重的工程稳定性问题。因此，必须在工程开工建设之前，开展可行性研究勘察，科学合理地评价岩溶的不良地质作用和地质灾害，对于工程项目的选址、建设和后期的使用有非常重要的意义，必须高度重视。如对岩溶的不良地质作用和对工程的危害预计不足，不仅影响到工程建设，还会影响工程的安全使用。

可行性研究和初步勘察以工程地质调查和综合物探方法为主，勘探点间距不应超过各类工程勘察基本要求，岩溶发育地段应加密勘探点。在测绘与物探中发现的异常地段，应选择有代表性的部位布置验证性钻孔，并在初划的岩溶分区及规模较大的地下洞隙地段适当增加勘探孔。控制孔的深度应穿过表层岩溶发育带，但不宜超过30m。

2. 详细勘察

根据不同的探测对象和对工程的影响程度，有区别地选用勘探手段。如当岩性是控制因素且基岩浅埋时，可用槽、井探；查明浅层土洞，可用钎探；对深埋者可用静力触探等。

详细勘察宜沿建筑物基础轴线布置物探线，并宜采用多种方法判定异常地段及其性质，对建筑物基础以下和近旁的物探异常点或基础顶面荷载大于 2000kN 的独立基础，均应布置验证性勘探孔。当发现有危及工程安全的洞体时，应采取加密钻孔或无线电波透视、井下电视、波速测试等措施。必要时可采取顶板及洞内堆填物的岩土试样。其勘探应符合下列规定：

（1）应沿建筑物轴线布置勘探线，勘探点间距不应超过各类工程的勘察基本要求，条件复杂时每个独立基础均应布置勘探点。对一柱一桩的基础，宜逐柱布置勘探孔。

（2）当基础底面以下土层厚度小于独立基础宽度的 3 倍或条形基础宽度的 6 倍，具备形成土洞或其他变形的条件时，勘探钻孔深度应全部或部分钻入基岩。

（3）当预定深度内遇到洞体，且可能影响地基稳定时，应钻入洞底基岩面下不少于 2m，必要时应圈定洞体范围。

（4）在土洞和塌陷发育地段，应沿基础轴线或在每个单独基础位置上以较大密度布置静力触探、轻型动力触探、小口径钻探等手段，详细查明土洞和塌陷的分布范围。在岩溶发育地区的下列部位都是有利于土洞发育的地段，土层中极有可能发育土洞或土洞群，岩土工程勘察时应查明其位置，岩土工程评价时可视为不利于建筑的地段或要进行稳定性计算。

（5）当须查明断层、岩组分界、洞隙和土洞形态、塌陷等情况时，或验证其他勘探手段的成果时，应采取岩土试样或进行原位测试，并应布置适当的探槽或探井。

（6）物探应根据物性条件采用有效方法，对异常点应采用钻探验证，当发现或可能存在危害工程的洞体时，应加密勘探点。

（7）凡人员可以进入的洞体，均应入洞勘察，人员不能进入的洞体，宜用井下电视等手段探测。

3. 施工勘察

岩溶、土洞和塌陷的分布在宏观上有特定的规律，但在某一具体范围内，往往具有显著的不均匀性和复杂性，其分布和埋藏空间变化很大。详细勘察阶段往往不可能无一遗漏地查明建筑场地范围内岩溶、土洞和塌陷的分布。因此，在建筑施工阶段，尚须针对某一地段或有待查明的专门问题（如土洞、洞隙等）开展更加详细的勘察，特别是当采用大直径嵌岩桩时，应进行专门的桩基勘察。应根据岩溶地基设计和施工要求布置勘察工作量。在土洞、地表塌陷地段，可在已开挖的基槽内布置触探或钎探。对重要或荷载较大的工程，可在槽底采用小口径钻探进行检测。对大直径嵌岩桩，勘探点应逐桩布置，勘探深度应不小于桩底面以下桩直径的 3 倍并大于 5m，当相邻桩底的基岩面起伏较大时，应适当加深勘探孔深度。

4. 测试和观测要求

（1）当追索隐伏洞隙的联系时，可进行连通试验。

（2）当评价洞隙稳定时，可采取洞体顶板岩样和充填物土样做物理、力学性质试验，必要时可进行现场顶板岩体的载荷试验。

（3）当须查明土的性状与土洞形成的关系时，可进行湿化、胀缩、崩解、溶蚀性和剪切强度试验。

（4）当须查明地下水动力条件、水的潜蚀作用和地表水与地下水联系，预测土洞和塌陷的发生和发展时，可进行流速、流向测定和水位、水质动态的长期观测。

六、岩溶场地稳定性评价

在碳酸盐类岩石分布地区，当有溶洞、溶蚀裂隙、土洞等岩溶现象存在时，要考虑其对地基稳定性的影响，评价其稳定性和作为建筑场地的适宜性。特别是当碳酸盐岩与上覆第四系松散土层交界面附近有地下水强烈活动时，必须考虑地下水作用所形成的土洞对建筑地基的影响，要预估建筑物使用期间地下水位的变化以及影响。在地下水高于基岩表面的岩溶地区，还要考虑人工降低地下水位引起土洞或地表塌陷的可能性。

（一）须绕避或舍弃的不利地段

当前，岩溶评价仍处于经验多于理论、宏观多于微观、定性多于定量阶段。根据已有经验，下列几种情况对工程不利。当遇所列情况时，宜建议绕避或舍弃，否则将会增大处理的工程量，在经济上是不合理的。未经处理不宜做地基的不利地段包括：①浅层洞体或溶洞群，洞径大且不稳定的地段；②埋藏有漏斗、槽谷并覆盖有软弱土体的地段；③土洞或塌陷成群发育地段；④岩溶水排泄不畅，有可能造成场地暂时淹没的地段或经工程地质评价属于不稳定的地基。

（二）可忽略岩溶稳定性不利影响的地段

二级和三级工程可不考虑岩溶稳定性不利影响的地段如下：

第一，基础底面以下土层厚度大于3倍独立基础底宽或大于6倍条形基础底宽，且不具备形成土洞或其他地面变形的条件。

第二，基础底面与洞体顶板间岩土厚度虽小于3倍独立基础底宽或6倍条形基础底宽，但符合这些条件之一：①洞隙或岩溶漏斗被密实的沉积物填满且无被水冲蚀的可能时；②洞体为微风化硬质岩石，洞体顶板岩石厚度大于或等于洞跨；③洞体较小，基础尺寸大于洞的平面尺寸，并有足够的支承长度；④宽度或直径小于 1.0m 的竖向洞隙、落水洞近旁地段。

（三）进行稳定性评价须考虑的因素和方法

综合从不利及否定角度归纳出的一些条件和从有利及肯定的角度提出的可不考虑岩溶稳定影响的几种情况，在稳定性评价中，从定性上划出去了一大块，而余下的应按要求进行洞体地基稳定性的定量评价分析。在进行定量评价时，关键在于查明岩溶的形态和确定计算参数。当岩溶体隐伏于地下无法量测时，只能在施工开挖时，边揭露边处理。具体要求如下：

第一，顶板不稳定，但洞内为密实堆积物充填且无流水活动时，可认为堆填物受力，按不均匀地基进行评价。

第二，有工程经验的地区，可按类比法进行稳定性评价。

第三，当能取得计算参数时，可将洞体顶板当作结构自承重体系进行力学分析。

第四，在基础近旁有洞隙和临空面时，应验算向临空面倾覆或裂面滑移的可能。

第五，当地基为石膏、岩盐等易溶岩时，应考虑溶蚀作用的不利影响。

七、岩溶塌陷的防治

根据岩溶塌陷的形成条件，要防治岩溶塌陷的发生，就要从改善可产生岩溶塌陷的内在和外在条件着手。

岩溶发育地区是可以进行工程建设的。在碳酸盐岩分布区内通常分布有非可溶岩，在非可溶岩分布地段进行建设就不会遇到岩溶问题。有的地段上覆土层较厚且不具备形成土洞的条件，也无须考虑岩溶对建筑的影响。在有岩溶问题的工程地基中，会威胁到建筑物安全的岩（土）洞者仅占少数，而大量存在的则是地基不均问题。此外，即使在岩溶发育区，由于各地段岩性（内因）与水的运动条件（外因）的差异，以致岩溶发育强度各不相同，选择建筑场地时，可以避强就弱，使建筑物按重要性等级与岩溶发育程度分区相适应。不同类型的岩溶地基，经不同程度的工程处理，使用均较正常。尽管如此，建筑场地应尽可能地避绕可能发生岩溶塌陷的危险区，建筑物尽量布置在工程地质条件好的区域。对于某些不可避绕的塌陷区，要采取适当的措施进行治理。防治措施如下：

（一）提高塌陷岩土体的力学强度

岩溶发育地区的地面塌陷是岩溶洞穴或土洞坍塌造成的，因此，要防治岩溶塌陷，可对可能塌陷的洞隙进行地基处理，提高可能塌陷的岩（土）体的力学强度。具体措施包括：挖填置换，填塞夯实，灌浆填塞，使用桩基础，构筑地表或岩体混凝土板、挡墙，充填裂隙和通道等工程措施。

（二）减少岩土体内的水动力作用

水是诱发土洞和岩溶塌陷的重要因素。因此，控制水动力状态，减少岩土体内的水动力作用是防治岩溶塌陷的重要措施之一。对于地表水形成的土洞或塌陷地段，可以采取地表截流、防渗或堵漏等措施，防止地表水渗入场地地基土中。为防止人工抽排地下水引起土洞和岩溶塌陷，应合理选择和布置水源地或排水点，建筑场地应与抽排水点中心有一定距离，合理控制抽排水量，控制取（排）水工程的水位降深值、下降速度和水力坡度，尤其要避免地下水位在基岩面附近波动，井管结构还要有必要的过滤措施，防止或减缓水流和动水压力对土粒的冲蚀和潜蚀作用。

（三）改善岩土体气流与压力状况

由于人工排水、蓄水以及工程开挖和工程处理，都会使岩土体及有关地带内（包括岩土体与地下空间）气流的运动与储集的条件发生变化，形成低压或高压的气流或气团，使岩土体产生相应的吸力或具高压爆裂的能量，从而诱发岩溶塌陷。对于相对封闭的岩溶网络地段，可设置通气孔，以防止产生负压（真空吸蚀或高压冲爆）作用，把钻孔打入岩溶通道并下入钢管或铸铁管使之与大气连通，也可利用塌陷坑埋设通气管通气。

（四）采取合适的工程措施来处理

对地基稳定性有影响的岩溶洞隙，可根据其位置、大小、埋深、围岩稳定性和水文地质条件综合分析，选择合适的工程措施加以处理。对洞口较小的洞隙，可采用镶补、嵌塞与跨盖等方法处理。对洞口较大的洞隙，可采用梁、板和拱等结构跨越，跨越结构应有可靠的支撑面，即洞口四周岩体必须坚硬，有足够的强度。对于围岩不稳定、风化裂隙发育破碎的岩体，可采用灌浆加固和清爆填塞等措施。对深大的洞穴，可采用洞底支撑或调整柱距等措施，并根据土洞埋深，采用挖填、灌砂等方法进行处理。

对于已有的土洞，埋藏较浅时可进行开挖和填埋处理，处理时需要清除软土，抛填块石做反滤层，表面用黏土夯填。对于深埋的土洞，除用砂、砾石或细石混凝土等材料灌填外，尚须配合使用梁、板或拱等跨越方法处理。对重要的建筑物，可采用桩（墩）基础。

建筑物的基础应选用有利于与上部结构共同工作，并可适应小范围塌落变位、整体性好的基础形式，如配筋的十字交叉条形基础、筏板基础、箱形基础等。同时，还要采取必要的结构加强措施，如砖石结构加强圈梁设置、单层厂房基础梁与柱连成整体，并加强柱间支撑系统等。

第四节　地裂缝地质灾害勘察与防治

一、地裂缝勘察

地裂缝的勘察应特别重视区域地质环境条件和人类社会工程经济活动的调查，这对于判定地裂缝的成因、规模和发展趋势至关重要。

地裂缝勘察的重要工作包括地质环境、人类活动、发生地域、危害性、监测、预测和划分危险区等。

（一）地裂缝勘察目的

地裂缝勘察的目的是为城市规划、经济开发和工程建设提供基本地质环境资料，为受到地裂缝灾害威胁地区的建筑工程危险性评价、预测或提出防治对策服务。

（二）地裂缝基本概念

地裂缝指岩体或土体中直达地表的线状开裂。它可以是现今构造活动在地面产生的地表破裂，也可能是现代人类工程经济活动对地质环境的强烈影响的一种反应，如人工开采地下水的影响。多数情况下是自然与人为复合作用的结果。

（三）地裂缝的分类

1. 地裂缝成因分类

（1）内营力作用形成的。包括：①地震引起的；②火山作用引起的；③区域新构造活动引起的。

（2）外营力作用形成的。包括：①膨胀土作用；②黄土湿陷作用；③矿山采空区下沉塌陷引起的；④过量抽取地下水、石油和天然气等（与区域地面沉降伴生）；⑤隐伏岩溶地面塌陷引起；⑥冻融作用及泥火山；⑦干旱作用；⑧盐丘作用；⑨其他。

2. 地裂缝活动方式分类

（1）垂直升降的。

（2）水平拉张的。

（3）水平扭动的。

二、勘察工作程度要求

（一）勘察内容要求

勘察内容要求包括：①区域自然地理－地质环境条件；②单个地裂缝及群体地裂缝的规模、性质、类型及特点；③地裂缝的形成原因及影响因素；④地裂缝的发展规律；⑤地裂缝的危害性、未来的危险评价；⑥地裂缝灾害的防治或避让工程方案。

（二）调查范围和工作精度确定

根据地裂缝分布的范围、规模和危害性大小确定调查范围和工作精度。不同地区产生的地裂缝，应采用不同的精度进行勘察。对重要城市及重大工程场址进行 1：5000 地质测绘，典型地点采用 1：1000~1：2000；对县级等一般城市采用 1：10 000~1：50 000 精度布置地质测绘工作；对乡镇及农村可采用 1：50 000~1：100 000 或更小的比例尺开展工作。勘探工程量要与地质调查测绘精度相适应。

三、勘察技术要求

（一）资料收集

收集区域地貌、第四纪地质及新构造运动资料、区域活动断裂资料、区域地震资料、区域地球物理资料、遥感图像资料、区域水文地质资料、区域岩土工程地质条件资料、历史上有关地裂缝记载资料及前人所做的地裂缝研究资料和市政设施及市政规划资料。

根据已掌握的地裂缝的初步资料，全面分析工作区的地质环境条件、人类社会活动的方式、历史和规模及其对地质环境的影响程度。初步研究地裂缝与区域地质作用及人为作用的关系。

（二）遥感图像解译

第一，根据收集的不同波段、不同时相的航、卫片资料，进行必要的图像处理、合成和解译。解译内容包括地裂缝发育区的地形地貌、第四纪沉积物分布、地质构造特征、地表水文特征和地裂缝特征等，分析地裂缝与上述各因素的关系。用不同时段的图像对比分析地裂缝的发育过程。

第二，由于地裂缝是线状的，以选用大比例尺的航片为宜，并注意应用立体放大镜观测。单片解译的重要内容和界线，应采用转绘仪转绘到相应比例尺地形图上，一般内容采用徒手转绘。

第三，应提交与测绘比例尺相应的地裂缝地质解译图件、解译卡片和文字说明及典型图片资料。应该注意的是，遥感解译结果应进行野外验证。

（三）地质测绘

1. 选择控制点

应根据勘察比例尺，按照地质调查的要求，在图幅面积 $1cm^2$ 的范围内有一个控制点。

2. 地质测绘内容

（1）第四纪地层时代划分，第四纪沉积物成分、结构及成因类型划分，下伏基岩的岩性、结构和成因时代，地貌及微地貌单元划分及边界特点，新构造运动特征，断裂构造分布和区域地表水、地下水特征等。

（2）地裂缝自身的特征，如平面分布、剖面特征，地裂缝对地表地下建筑物的破坏特点，地裂缝与同地区其他地质灾害如山体崩塌、滑坡或地面沉降的关系。

（3）地裂缝发育区人类社会工程经济活动（如抽取地下水、农田灌溉和地下采矿等）的方式、规模、强度和持续时间。

3. 调查方法

（1）根据勘察精度要求，进行定点填绘，特别重要或复杂的地点应适当加密。可以划分为地貌点、构造点、水文点、工程点和地裂缝点等若干类，分别在图上标示。每一个点的内容都应用地质卡片详细描述，必要时配以草图，为室内分析、数据化和备查等准备资料。

（2）尽可能定量或半定量地测量出每个调查点的数据，可用卷尺、罗盘或经纬仪等，配合测量得到比较准确的资料。

（3）对典型剖面要做出素描图、照相，有条件时进行录像。

（4）在地质调查过程中，反复对比研究，确定出物理化学勘探、山地工程（如探槽或浅井）和钻探的最佳剖面线或典型地点，如测绘物探剖面位置、钻探剖面位置，槽探剖面位置，测绘监测点、监测台站及监测剖面位置等。

四、防治或避让对策

减轻地裂缝灾害的途径和效果主要依赖于对地裂缝带的正确划分和建筑安全距离的确

定。破坏损失评价与建筑安全距离的确定，目的是确定地裂缝的破坏带、影响带和安全带的具体参数。

（一）　地裂缝带破坏宽度的确定

正确地进行地裂缝带强弱划分和破坏宽度确定，是确定地裂缝带建筑安全距离的前提。一般采用以下方法进行综合确定，并划分强、中、弱破坏带：

第一，调查地表建筑物损坏，确定破坏宽度。地表建筑物的破坏是地裂缝灾害效应的最直接的宏观标志。

第二，进行地裂缝场地土体宏观破坏宽度分带。主要依据槽探、人防工事等土体中发育次级裂缝条数、张开宽度、连续性等进行统计，划分出强破坏带、中等破坏带和弱破坏带。

第三，根据土体工程地质性质变异分带性确定破坏宽度，划分强、中、弱破坏带。

第四，根据土体渗透变异分带性确定破坏宽度。

第五，根据物、化探测试异常带宽度确定破坏宽度。

将以上方法得出的不同数据进行综合对比，为确定地裂缝建筑安全距离提供依据。

（二）　严格遵守避让为主的原则

地裂缝灾害具有衍生性，跨越地裂缝的建筑无一幸免地会遭受破坏，因此防止地裂缝破坏和减轻地裂缝灾害最根本的措施是坚持避让为主的原则，特别是对那些高层建筑和大型工程尤为重要，城市有关部门应加强管理，认真负责。

（三）　减灾防灾对策

减灾防灾对策主要分两个方面：一是对已有建筑的减灾防灾；二是对规划拟建建筑的减灾防灾。地裂缝带上的建筑物程度不同地遭受到破坏和变形，如不采取有效措施，局部的损坏会危及整体。因此，应认真研究地裂缝造成建筑物破坏的规律性，提出有效的治理对策。一般采取以下对策：

1. 适当的加固方法

对于地裂缝两侧的建筑，只要位于不安全带以外，局部的变形可采取加固的方法，如旋喷加固地基，钢筋混凝土梁加固上部结构等。

2. 部分拆除法

对横跨或斜跨地裂缝的建筑物，虽然采取加固措施暂时可以起到一定的作用，但最终还是避免不了遭受破坏。这种情况最有效的方法是尽早地拆除局部，保留整体，从而减轻地裂缝灾害损失。在拆除前，应该查明地裂缝的准确位置，参考建筑物与地裂缝的产状关系及建筑物的最大破坏宽度，做到既能保证安全，又合乎最佳使用效益，拆除后保留部分可采用加固措施，以确保安全使用。

3. 地基土的特殊处理方法

（1）断裂置换法。与许多物理过程一样，断裂的传播遵循费马原理（能量最小原理），为了挽救坐落在其附近的建筑，可以在其近旁设置一条人工地裂缝，只要把原建筑进行一般性的加固，就可以使原来的地裂缝段成为不活动的"死地裂缝"，起到断裂置换作用。这种方法最适用于建筑物走向与地裂缝走向近于一致的情况。

（2）局部浸水法。位于不安全带内、靠近地裂缝的建筑物，除可能会发生破裂外，还会发生整体倾斜。故既要进行加固，还应警惕倾斜。但在黄土地区，利用黄土的湿稳定性及其下沉稳定较快的特点，可以进行有控制的局部浸水（必要时还可以加压），使下沉量较小的一边得到一个人工补偿下沉量，以便使整个基础达到均匀下沉的目的。

第六章　矿产地质勘查技术与评价探究

第一节　矿产地质勘查阶段划分与工程布置

一、矿产资源勘查标准化

（一）标准化

标准化是在经济、技术、科学及管理等社会实践中，对重复性事物和概念通过制定、发布和实施标准达到统一，以获得最佳秩序和社会效益的管理方法。标准化的目的主要有以下两点：

第一，在企业建立起最佳的生产秩序、技术秩序、安全秩序、管理秩序。企业每个方面、每个环节都建立起互相适应的成龙配套的标准体系，就使每个企业生产活动和经营管理活动井然有序，避免混乱，克服盲目。秩序同高效率一样也是标准化的机能。

第二，通过执行标准化管理获得最佳社会经济效益。一定范围的标准，是从一定范围的技术效益和经济效果的目标制定出来的。因为制定标准时，不仅要考虑标准在技术上的先进性，还要考虑经济上的合理性。也就是企业标准定在什么水平，要综合考虑企业的最佳经济效益。因此，认真执行标准，就能达到预期的目的。

由于标准化管理的科学性和先进性，一些工业发达国家把标准化作为企业经营管理、获取利润、进行竞争的"法宝"和"秘密武器"。特别是一些著名公司，往往都建立企业标准化体系，以保证利润和竞争目标的实现。

（二）标准

标准是对重复性事物和概念所做的统一规定。它以科学、技术和实践经验的综合成果为基础，经有关方面协商一致，由主管机构批准，以特定形式发布，作为共同遵守的准则和依据。根据《中华人民共和国标准法》第六条规定：标准的级别分为国家标准、行业标准、地方标准、企业标准四级。

（三）规范

规范是对勘查、设计、施工、制造、检验等技术事项所做的一系列统一规定。根据国家标准法的规定，规范是标准的一种形式。

（四）地质矿产勘查标准

我国地质矿产勘查标准化工作始于 20 世纪 50 年代，按照统一和协调的原则，分别由各部门制定了一系列关于地质矿产勘查的标准和规范规程，初步统计已达上百种。这些标准和规范规程中，固体矿产勘查规范已达 45 种（涉及 84 个矿种），形成了一个独立的体系，并且已进入了国家的标准化管理体系。大部分的这些标准都可以在中国地质调查局、中国矿业网以及中国矿业联合会地质矿产勘查分会等相关网站上查阅。

二、矿产勘查阶段的基本概念

矿产勘查工作是一个由粗到细、由面到点、由表及里、由浅入深、由已知到未知，通过逐步缩小勘查靶区，最后找到矿床并对其进行工业评价的过程。

一个矿床从发现并初步确定其工业价值直至开采完毕，都需要进行不同详细程度的勘查研究工作。为了提高勘查工作及矿山生产建设的成效，避免在地质依据不足或任务不明的情况下进行矿产勘查、矿山建设或生产所造成的损失，必须依据地质条件、对矿床的研究和控制程度，以及采用的方法和手段等，将矿产勘查分为若干阶段，这种工作阶段称为矿产勘查阶段。

每个阶段开始前都要求立项、论证、设计、施工，而且在工程施工程序上，一般也应遵循由表及里，由浅入深，由稀而密，先行铺开，尔后重点控制的顺序。每个阶段结束时都要求对研究区进行评价、决策，提出下一步工作的建议。

矿产勘查过程中一般需要遵守循序渐进原则，但不应作为教条。在有些情况下，由于认识上的飞跃，勘查目标被迅速定位，则可以跨阶段进行勘查；反之，如果认识不足，则可能会返回上一个工作阶段进行补充勘查。

三、矿产勘查阶段的划分

矿产勘查阶段的划分是由勘查对象的性质、特点和勘查实践需要决定的，或者说是由矿产勘查的认识规律和经济规律决定的。阶段划分得合理与否，将影响矿产勘查和矿山设计以及矿山建设的效率与效果。

（一）矿产勘查阶段划分沿革

在联合国 20 世纪末推荐的矿产资源量/储量分类框架中，勘查阶段划分为四个阶段：①预查；②普查；③一般勘探；④详细勘探。世界各国的矿产勘查总的说来也都相应地大致遵循这四个阶段。然而，不同的国家以及各国不同采矿（勘查）公司之间勘查阶段的划分又有一定的差异。

（二）矿产勘查阶段划分

1. 预查

预查是依据区域地质和（或）物化探异常研究结果、初步野外观测、极少量工程验证结果、与地质特征相似的已知矿床类比、预测，提出可供普查的矿化潜力较大地区。有足够依据时可估算出预测的资源量，属于潜在矿产资源。

2. 普查

普查是对可供普查的矿化潜力较大地区、物化探异常区，采用露头检查、地质填图、数量有限的取样工程及物化探方法，大致查明普查区内地质、构造概况；大致掌握矿体（层）的形态、产状、质量特征；大致了解矿床开采技术条件；矿产的加工选冶性能已进行了类比研究。最终应提出是否有详查的价值，或圈定出详查区范围。

3. 详查

详查是对普查圈出的详查区通过大比例尺地质填图及各种勘查方法和手段，比普查阶段更加细密的系统取样，基本查明地质、构造、主要矿体形态、产状、大小和矿石质量；基本确定矿体的连续性；基本查明矿床开采技术条件；对矿石的加工选冶性能进行类比或实验室流程试验研究，做出是否具有工业价值的评价。必要时，圈出勘探范围，并可供预可行性研究、矿山总体规划和做矿山项目建议书使用。对直接提供开发利用的矿区，其加工选冶性能试验程度，应达到可供矿山建设设计的要求。

4. 勘探

勘探是对已知具有工业价值的矿床或经详查圈出的勘探区，通过加密各种采样工程，其间距足以肯定矿体（层）的连续性，详细查明矿床地质特征，确定矿体的形态、产状、大小、空间位置和矿石质量特征，详细查明矿床开采技术条件，对矿产的加工选冶性能进行实验室流程试验或实验室扩大连续试验，必要时应进行半工业试验，为可行性研究或矿山建设设计提供依据。

四、矿床勘探工作程度与勘查工程的布置

勘探是对已知具有工业价值的矿床或经详查圈出的勘探区，通过加密各种采样工程详细查明矿体的形态、产状、大小、空间位置和矿石质量特征；详细查明矿床开采技术条件；对矿石的加工选冶性能进行实验室流程试验；为可行性研究和矿权转让以及矿山设计和建设提交地质勘探报告。下面以金属矿产（含铀矿）为例，详细论述矿床勘探程度要求、勘探类型划分。

（一）矿床勘探程度要求

矿床勘探程度是指经过矿床勘探工作，对矿床的地质特征和技术特点的研究所要求达到的详细程度。它综合体现矿床勘探工作的地质效果和经济意义。

矿床勘探程度是用不同种类的勘探手段和不同数量的勘探工程所获得的各种实际资料。它是针对矿床的成矿条件、变化规律及其在工业上的利用价值等所进行的一系列专门研究工作的综合反映。

1. 衡量矿床勘探程度的主要内容

（1）对矿床地质构造、矿体分布规律和对矿山建设有决定意义的主要矿体的形态、产状、构造及其分布边界的研究和控制程度。

（2）对矿产的物质成分、技术加工性能及各种可供综合开发利用的共生矿产和伴生有用组分的查明情况。

（3）矿产不同级别的储量所占的比例及分布情况。

（4）对矿区水文地质和开采技术条件的研究程度。

（5）被探明矿产储量的分布深度。

合理的勘探程度，决定于国家对矿产的急需程度、矿山建设和生产的要求、矿床地质构造的复杂程度、矿区的自然经济地理条件等。总的原则是既要满足矿山建设对地质资源和矿产储量的需要，又不能超越需要进行过度的勘探。

2. 矿床勘探程度应达到的基本要求

为了满足矿山设计的需要，矿床勘探程度应达到下列各项基本要求：

（1）勘探并研究矿区地质构造特征：勘探期间要加强对矿床的地质研究工作，系统地、全面地分析研究矿床地质构造特征，确定矿体形态、产状和规模，以达到正确连接矿体的目的。以铀矿为例，对与铀矿化有关的岩体、层位、热液蚀变以及成矿前后的褶曲、断层、裂隙、破碎带等构造也要研究查明。对破坏矿体和划分井区范围及建设开拓井巷有

影响的较大断层、破碎带，要用勘探工程实际控制其产状和断距。对较小的断层、破碎带应根据地表实测，结合地下探矿确定其分布范围。

（2）勘探并研究矿体（层）的分布范围：适于露天开采的矿床要系统控制矿体四周的边界，以确定剥离边界线，并控制矿体的采场底部边界。对地下开采的矿床要查明主矿体沿走向和倾向的边界，以便合理选定主要基建开拓工程的位置。对地表矿体的边界，要用槽、井探予以圈定，覆盖层之下和基岩中的隐伏矿体要控制其顶部边界。

（3）勘探并研究矿体（层）外部形态和内部结构：矿体（层）的形态、产状、空间位置和受构造影响或被构造破坏等情况，是反映矿体外部形态特征的重要因素，也是确定矿山开采、开拓方案和开采方法的重要依据。因此，在矿床勘探期间，要重视对占大部分矿量的主矿体的形态、产状及其空间分布特点的控制和研究，特别要在矿体尖灭、转折、构造破坏等处加密工程，从而才能正确圈定矿体，为开采、开拓方案的设计提供较准确的地质资料。矿体内部结构是指矿体边界范围内各种矿石自然类型、工业类型、工业品级和非矿夹石的形态、空间分布特征、种类和它们的相互关系。它是评价矿床工业利用价值的重要质量指标，所以，对它的控制和研究有重要的实际意义。

（4）放射性物探的研究及其参数的确定：在铀矿床勘探中要广泛开展放射性物探工作及其研究工作，准确测定各项参数。做好放射性物探工作不仅为矿床的评价和储量计算提供可靠的依据，同时也为寻找深部隐伏矿体和预测成矿有利地段创造条件。平衡系数和射气扩散系数关系到能否准确测定铀含量，因此必须按要求系统地代表性的取样。随着勘探工程施工的进展，必须随时对矿床放射性平衡位移规律做全面研究，了解平衡系数沿垂向、横向的变化及与铀含量变化的关系。在坑道和钻孔中做好伽马总量和伽马能谱取样，以及伽马总量和伽马能谱测井工作，研究岩石的天然伽马辐射场，寻找放射性异常，直接确定矿石铀含量、矿体的厚度和空间位置。还要进行模型测量和研究对比工作。

（5）勘探并研究矿区水文地质条件：矿床水文地质条件是影响矿床开采的一个重要因素。所以经勘探和研究应查明，矿床充水因素、地下水的补给来源、水位、径流和排泄条件；矿区含水层的性质、厚度、分布范围、渗透系数、单位涌水量；地下水和地表水之间的水力联系程度，隔水层的性质、厚度、分布和隔水性能；矿床水文地球化学条件、水质、水中放射性元素分布特征。在缺水地区，应扩大调查范围或做专门供水调查，提出供水勘探方案。矿区内有热水时，要着重查明其补给来源、分布范围、水温、水量，并评述热水对开采的影响程度。

（6）共生、伴生矿床和有益组分的综合勘探与综合评价：在勘探铀矿床的同时，对矿体以及矿体上下盘围岩中的一切共生、伴生矿床和有益组分，应根据资源条件、矿山设计要求，进行综合勘探和综合评价，研究共生、伴生有益组分的含量、赋存状态和分布规律，对有综合利用价值的组分应计算其储量。

（7）研究确定矿石物质成分：研究并查明，各种类型矿石的物质成分（矿物成分和化学成分）及其含量变化；矿石的粒度、结构、构造。研究划分矿石工业类型和矿石品级，确定它们的相互关系和空间分布。研究不同矿石类型的有益、有害组分的含量及其变化规律，并分别圈定其范围。必要时可进行单矿物的研究。

（8）试验研究矿石的技术加工性能：铀矿石水冶技术加工性能的研究，涉及矿床的工业评价。勘探初期就应注意研究矿石技术加工性能，如属于难选难冶，耗酸量大，目前暂时不能利用的矿床，勘探程度可适当放低或不进行勘探。如矿石含有可综合利用的伴生组分，则应进行伴生组分的选冶试验。新类型矿石应进行实验室扩大连续试验，必要时进行半工业试验。

（9）勘探并研究矿床开采技术条件：在充分研究矿区内断层、破碎带、节理裂隙发育程度的基础上，查明矿体及其顶底板近矿围岩的稳定性、开采范围内流沙层的厚度、分布范围，测定矿石和围岩的物理机械性质、矿石的湿度、块度、硬度、体重、松散系数、矿床露天开采时的最大安息角（表示边坡稳定性）、单位当量氡气扩散量及有害气体等。

（二）矿床勘探类型划分

根据矿床勘探实践和矿山开采验证的资料，矿床勘探类型划分的条件主要包括：①地质构造的复杂程度；②主要矿体的形态、产状、规模和分布；③矿化的连续性的稳定性。

确定矿床勘探类型，对上述三个因素必须综合考虑。一般来说，规模大的矿体，形态一般比较简单，矿化比较均匀。但实际上也有规模大的矿体形态复杂、矿化不均匀而规模小的矿体却形态简单、矿化均匀的。因此，在工作中必须从实际出发，认真研究矿床地质特征，才能确定勘探类型，以便选用适当的勘探方法，筹划对矿床的合理勘探和研究程度。

第二节　金属矿产地质勘查方法

一、金属矿产地球物理勘查方法

"随着我国社会经济的快速发展，对于矿产资源的使用需求也在不断增加，而目前矿产资源的勘查是一项难度较高的工作，因此对金属矿产资源地球物理的勘查与研究也有着非常重要的意义。"

（一）地球物理勘探

物探主要包括地震勘探、电勘探、磁勘探、重力勘探和其他勘探方法。其中，地震勘探可分为二维地震勘探和三维地震勘探，并且根据作业区域可分为地表地震勘探和地下地震勘探。根据电磁场的时间特性，电探索方法很多，可分为直流法（亦称电阻法、时域电法）、交流法（频域电法）、过渡过程法（脉冲瞬变法）。

1. 地震勘探

（1）地震勘探的应用。地震勘探是一种地球物理勘探方法，它通过利用地下介质的弹性和密度差异来观察和分析地球对人工地震波的响应，从而推断地下岩层的特征和形态。地震勘探是钻探前调查油气资源的重要手段，被广泛用于煤炭和工程地质调查、区域地质研究和构造研究。

（2）地震勘探的原理。地震波是在地表或浅井中被人为激发的，随着它们向地下移动，其他岩石边界处的地震波将被反射和折射。地震信号与震源的特征、探测点的位置、地震波通过的地下岩石的特征和结构有关。通过处理和解释地震记录，可以推断出地下岩石的性质和形状。就细节水平和测量精度而言，地震勘探优于其他地球物理勘探方法。地震勘探的深度范围从几十米到几十千米。

（3）二维地震勘探。在地面上布置一条条二维地震测线，地震测线间距为几百米到几千米，在每条测线上布设激发地震波的爆炸点和接受地震反射波的检波点，沿每条测线进行施工采集地下地层反射回地面的地震波信息。数据经过计算机处理后得出一张张地震时间剖面图，经过地震解释后得到地震地质剖面图，在二维空间（长度和深度方向）上显示地下的地质构造情况。

（4）三维地震勘探。在二维地震勘探基础上发展形成的三维地震勘探，是在地面上布设一束束三维地震线束。三维地震线束一般为规则束状，每一束线有几条地震接收线（布设检波点）和几条激发炮线（布设爆炸点），接收线间距、激发炮线间距不小于20米，按一定规律把检波点、爆炸点布置成网格状，按线束施工进行面积组合观测。

三维地震与二维地震的区别是：三维地震勘探测线间距为 $20\sim50m$，而二维地震勘探测线间距多在 $1000m$ 以上；三维地震勘探更加精细，可得出立体图像，上下左右、前后的变化皆可看到，可以任意切割不同方向的剖面，而二维地震剖面则是固定的、有限的。

2. 电法勘探

（1）电法勘探的原理。基于各种类型的地壳岩石或矿体的电磁特性（例如电导率、磁导率、介电特性）和电化学特性的差异。观察和研究地球的空间分布和时间特征，发现各种有用的沉积物，确定地质结构和地球物理勘探方法以解决地质问题。它主要用于寻找金属和非金属沉积物，调查地下水资源和能源，并解决一些工程和深层地质问题。

（2）电法勘探的方法。

常用的勘探方法如下：

①电阻率法。如何研究地下岩石和矿石的电阻率变化，进行矿石勘探以及解决由岩石和矿石电导率差异引起的某些地质问题。常见的方法是电阻测深，电阻剖面和高密度电学。工作方法通常包括在地面上布置一定数量的电极，包括电源电极和测量电极，观察电源中电极之间的电流和电势差，计算视电阻率，然后研究地层的电学性质。高密度电阻率法实际上是阵列探索，在野外测量中，必须将所有电极（几十到几百个）放置在测量点上，这可以使用程控电极开关和微机工程电气测量仪器来实现快速自动的数据收集。显然，高密度电阻率勘探技术的应用和发展大大提高了电勘探的智能性。

②激发极化法。激发极化法是一种电勘探方法，用于发现金属和煤炭等矿物，并在岩石和矿石活化的影响下解决水文和工程地质问题。它分为直流激发极化法（时域法）和交流激发极化法（频域法）。公共电极阵列包括中间梯度阵列、联合轮廓阵列、定点电源阵列、对称四极探测阵列等。也可以用使矿体直接或间接充电的办法来圈定矿体的延展范围和增大勘查深度。

③瞬变电磁法。使用不接地的回路或接地的线源（电极）将脉冲磁场传输到地下。在脉冲磁场间隔期间，通过使用线圈或接地线源（电极）观察次级涡流场来检测介质。瞬变电磁法的优势在于施工效率高、纯二次场观测以及对低阻体的敏感，通常用于检测大量积水。瞬变电磁法是在高阻围岩中寻找低阻地质体的最灵敏方法，不受地形影响。

④可控源音频大地电磁法（CSAMT）。使用可控人工场源的电磁勘探方法，利用岩石电导率的差异，一次观察电场势和磁场强度的变化。其优点是测量参数为电场和磁场之比，增强了抗干扰能力并减少了地形影响，提高了工作效率，其探测深度范围较大（通常可达2km），且兼有剖面和测深双重性质，可灵敏地发现断层，也可以穿透高阻层。

3. 矿井地球物理勘探

采矿地球物理勘探（也称为采矿地球物理预测）在地下道路和站点上进行物理地质差异，并观察地下地质的时空变化，以解决采矿地质、采矿水文和采矿工程地质问题。

针对煤矿安全、高效开采的不同需要，矿井地球物理勘探主要包括：①矿井直流电法勘探；②矿井地震勘探；③矿井无线电波透视；④矿井瞬变电磁法。

（1）矿井直流电法勘探。矿井直流电法勘探主要包括巷道顶底板电测深法、矿井电剖面法、矿井高密度电阻率法、直流电透视法等。主要探测：①煤层顶底板裂隙带、富水异常带、含水层厚度、隔水层厚度等；②探测煤层顶底板隐伏的断裂破碎带、导水通道位置等；③探测煤层顶底板含水构造工作面小构造等。

（2）矿井地震勘探。矿井地震勘探主要包括巷道地震勘探、矿井地震超前探、槽波地震和地震波 CT 勘探、瑞利波勘探、声波勘探等。主要探测：①剩余煤厚、底板岩层埋深、评价隔水层稳定性；②探测巷道迎头小断层；③探测煤矿井下工作面内断层、陷落柱、冲刷带、小褶曲等特征变化，评价煤层变化、瓦斯富集带等。

（3）矿井无线电波透视。目的在于根据电磁波在介质中的衰减规律对地质构造和富水情况进行探测。一般在两巷道间进行，如在回风巷布置发射点，向煤层中发射某一频率的电磁波，在运输巷安置接收仪观测电磁波场强信号，电磁波在煤层传播中遇到介质电性变化时（如富水区、断层破碎带、陷落柱等），电磁波被吸收或屏蔽，接收信号显著减弱或收不到有效信号，即会形成所谓的透视异常。

（4）矿井瞬变电磁法。矿井瞬变电磁法主要用于探测工作面、煤层顶底板富水异常区，掘进迎头超前探测含水构造等。

（二）金属矿产的地球物理勘查

金属矿产资源是国民经济建设需要和寻找的主要对象之一，伴随着经济社会的高速发展，对矿产资源的需求量日益增大。而当前众多地表矿、浅埋藏矿正在快速减少，资源面临枯竭，中深部隐伏矿产的勘查与开发已成趋势和必然。

长期以来，在金属矿产地质勘查中地球物理方法与技术的应用十分广泛，曾经取得了十分显著的勘查效果，也积累了非常丰富的找矿经验。但现如今，随着中深部地质找矿的大规模开展，面对埋藏深、规模小、复合型、品位低、干扰多等物性特征不明显和许多不利因素的影响，勘查找矿难度成倍增加；而且金属矿产种类繁多、矿床类型复杂多样、成矿地质条件千变万化，如何有效地、有针对性地利用好物探方法，充分发挥其在中深部找矿中的应有作用，是一个很现实而且必须面对的问题。为此，有必要结合现有各种物探仪器的性能特点、方法的工作原理，对其适应范围、找矿效果等进行梳理与研究，总结出成功的条件因素和规律性的认识加以推广，切实提高地球物理勘查方法在地质找矿中的应用效果。

各种地球物理勘查方法的应用要以适用、有效为原则，根据所要解决的地质目标与任务合理选择，充分发挥各种新型仪器和综合方法手段的优势，野外合理部署工作、精细测量，全面采集到真实可靠的第一手资料；室内结合地质、地球化学勘查等综合资料进行仔细分析研究，反复推敲，不断修改，逐次深化，精细化定性与定量反演解释，得出符合客观实际的准确的推断结论，供地质人员参考和利用。

地球物理方法勘查效果的好坏，仪器设备性能至关重要，其作用是准确真实地采集到地下目标地质体的物理场信息，要求具有性能稳定、分辨率高和抗干扰能力强。因此，对于每种方法、常用仪器设备按照仪器的性能特点、技术指标进行了列表说明与介绍，供使用者参考并选择。

决定地球物理勘查效果的另一个重要因素是对资料的处理与解释能力，其本质在于人，因此要求技术人员要具备丰富的经验，掌握多种资料处理解释手段，了解地质情况，选对方法，精细处理，得出最佳的推断解释结论。书中尽可能多地列举出各种勘查资料的处理解释方法，同时说明各方法的实质性作用，供大家参考选用。

二、金属矿产重力勘查方法

在金属矿产的地质勘查找矿中，常用的、有效的地球物理方法通常是重力、磁法和电法三个大类，其中电法勘查分出的亚类较多，如充电法、自然电场法、直流激电法（IP）、交流激电法（频谱激电法 SIP）、可控源音频大地电磁法（CSAMT）、高频电磁测深法（EH-4）、时间域脉冲瞬变电磁法（TEM）等，这里以重力法为例来进行论述。

重力勘查是地球物理勘查方法中的一个分支，其理论依据为牛顿万有引力定律。根据观测到的地球重力场强度（重力加速度）的变化，研究地球的构造，确定地质体的性质、空间位置、形状及大小的一种地球物理勘查方法。重力加速度的变化与地下物质密度分布不均匀有关，是从地表到地球深处所有密度不均匀体引起，通过研究重力场的分布特征，可以达到了解地球的结构、构造和对矿产资源进行勘查等目的。

（一）重力场变化

重力场随时间的变化包含长期变化和短期变化。

长期变化主要与地壳内部物质变动，如岩浆活动、构造运动、板块移动等有关，重力的长期变化是地球物理研究的重要内容。

短期变化是指重力的日变，其与太阳、月亮和地球之间的相对位置有关。由于地球自转，地面各点与太阳、月亮的相对位置不断发生变化，使得日、月对这些点的引力也不断改变，从而造成了重力变化。地球自身并非刚性体，引力变化除形成海水潮汐外，还引起地球固体部分周期性变形，这种变形称为固体潮，固体潮可引起大地水准面的位移，从而造成重力场的变化。

（二）重力异常值

首先，重力场的变化量（异常值）与重力全值相比，微乎其微，一个局部地质构造或矿床引起的重力值变化约为整体地球引起的重力全值的 10^{-7}，因此，要观测到这个微小的变化，必须采用灵敏度高、精度高、稳定性好，适合于野外复杂条件、便于携带的专门重力仪器；其次，由于重力仪测量值不全是重力值，它还包含了大量的外部影响，如温度、气压、轻微震动引起的仪器读数变化，这些变化会比重力值变化大许多倍，因此必须消除；最后，根据仪器读数计算出的重力值，也不完全是由地下地质体引起，它包含了地形起伏、测点高程变化、固体潮以及地球自转引起的重力变化，只有去掉这些影响，才能得到地下物质密度分布不均匀（矿化体）引起的重力异常。

（三）重力勘查应用条件、范围及主要影响因素

1. 重力勘查应用条件及范围

（1）研究地球深部构造、大地及区域性地质构造，划分构造单元；研究结晶基底起伏、圈定沉积盆地范围以及沉积岩系各密度界面的起伏。

（2）探测、圈定与围岩有明显密度差异的隐伏岩体，追索断裂带及有明显密度差异的地层接触带，进行覆盖区地质填图。

（3）寻找石油、天然气或煤田等有远景的盆地，寻找有利于储存油气、煤层的各种局部构造，条件允许时还可研究如岩性变化、地层推覆以及生物礁块储油的非构造油气藏。

（4）与其他地球物理勘查方法配合圈定金属、非金属矿产的成矿带，条件有利时可探测和描述控矿构造或圈定成矿岩体；或者直接发现与追索埋藏浅、密度大、体积大的矿化体。

（5）探测覆盖层下的基岩面起伏、隐伏断裂与空洞，危岩、滑坡体的监测，地面沉降研究；通过观测重力场随时间的变化，可为地震预报提供依据与资料。

2. 重力勘查主要影响因素

目前影响高精度重力测量精度的主要因素是：测点周围地形起伏变化和近地表处物质分布的不均匀，由改正不完善带来的相应误差。地形起伏变化大造成地形模型不能准确描述，地层岩性分布复杂使得密度参数不能准确赋值。

（四）金属矿产重力勘查地形校正

在金属矿产的普查、详查阶段，重力勘查多采用大比例尺测量工作，地形改正半径近区 0～20m，中区 20～200m，远区 200m 以上。地形校正最大半径的确定，一般以校正半径以外地形影响小于地形校正允许的误差，或者虽然影响值较大，但对工作区内所有测点来说，其影响值接近于线性变化，在对实测异常进行数据处理时，可当作区域背景场予以消除。

（五）重力勘查类型与测量方式

第一，重力预查。是在重力勘测空白区进行大面积小比例尺的重力测量，以便在短期内获得有关区域性大地构造轮廓等基础性资料。

第二，重力普查。是在有进一步工作价值的地区开展调查，用重力勘查方法了解构造特征、圈定岩体范围及成矿远景区、发现目标体异常等，目标体可以是矿床（体），也可以是某类与成矿有关的地质体。

第三，重力详查。在成矿远景区进行大比例尺重力测量，利用异常规律及特点研究局部构造、分析异常细节、定量解释异常体，确定其规模、产状等特征。

第四，密度剖面测量。为确定中间层密度，在地形起伏大、有代表性且不存在局部异常的地段，布置密度剖面，其测量数量一般为2~3条。

第五，典型重力剖面。面积性重力工作时，要在能反映区内不同地层、岩体、构造和矿产及探测目标物的地方布设典型剖面，最好与已有地质剖面重合，并采集密度标本。剖面数量要依地质情况复杂程度而定，其长度应将已知地质情况的地段包括在内，点距能反映不同探测目标物上的重力场变化特征。

第六，重力精测剖面。当须对异常进行详细研究时，要在能反映异常特征、干扰最小、最利于进行定量计算的地方布置精测剖面，要求通过异常中心，或尽可能与勘探线重合。剖面数量视任务而定，长度应使剖面两端尽可能达正常场，点距以能测得异常细节为原则。

（六）重力勘查资料处理与反演解释

重力勘查是一种传统、成熟的方法，针对其数据资料处理的商业化软件众多，不胜枚举，主要分为空间域和频率域两种常用的处理方式，两种方式的处理效果相近，但各有优缺点。空间域处理需要计算出滤波算子的权系数，然后求褶积，其应用较早，计算直观且相对简便；频率域处理则要先设计出滤波算子的频率响应，由实测异常用傅里叶变换求其异常频谱，然后用异常频谱和频率响应乘积求处理后的异常频谱，再对处理后的异常频谱进行傅立叶逆变换，最后求出经滤波后的异常值。随着电子计算机技术的高速发展，加之快速傅里叶变换提升了频率域的转换速度，同时频率域处理可同时进行多种滤波计算，因此，频率域处理应用较广。

重力观测数据经过计算整理，求出布格重力异常值，布格重力异常是地壳内部密度不均匀的综合反映，包含了地下目标地质体和其他干扰体的叠合信息。数据资料处理的目的就是分离简化异常、压制干扰，突出目标体（异常体或场源）的异常特征，获得可靠的地质认识。反演解释就是准确计算出目标体的物性和几何参数，即密度、大小、埋深、形态、产状等。

1. 数据资料转换处理

（1）位场转换。主要作用是压制干扰，突出目标体的异常特征。可以在频率域或空间域内分别进行，二者处理结果基本相同。频率域处理计算量小、相对简单，根据不同的目的要求和场的频率特性，设计不同的数字滤波因子，对数据谱进行滤波和傅里叶变换。主要内容有延拓、求导、水平总梯度模、解析信号和曲化平（利用位场理论将起伏地形上的异常数据转换成某一平面上的数据）等。

（2）位场分离。主要用于提取目标体产生的局部异常，剔除区域背景及其他因素形成的干扰。常用方法有图解法、解析延拓法、高次导数法、正则化滤波、补偿圆滑滤波、滑动平均滤波和趋势分析法（直接求出的是区域场，用实测总场值减去区域场即得出局部场）。

（3）位场分析。主要作用是增强异常中的某些构造特征信息，研究变量间的线性相关性，以及异常与干扰因素间的相关关系。内容包括线性增强、回归分析和相关分析。

2. 反演计算方法

必须采用从观测异常中分离出来的单独由反演目标体引起的那一部分异常值。而希望于根据观测的叠加异常直接反演出地下的物质分布情况，或做出密度的分布（密度渐变）图像，目前是比较困难的。

反演问题可分为线性和非线性两种，固定模型体的几何参数，只求物性参数，由异常正演公式形成线性方程组，从而构成线性反演问题，否则就为非线性反演问题。对于确定地质模型体参数的这种非线性反演问题，常用非线性最优化选择法来求解。一般而言，解存在、解唯一、解稳定的称为适定问题，而不满足上述三个条件之一的，就为不适定问题。

（1）直接法。直接利用反演目标体引起的局部异常，通过某种积分运算和函数关系，求得与异常分布有关的地质体的某些参量。直接法只是一种地质体参量的粗略估算，解决问题的范围很有限。

（2）特征点法。又称任意点法，是根据异常曲线上一些特征点（如极大值点、零值点、拐点）的异常以及相应的坐标，求取场源体的几何或物性参数，仅适用于剩余密度为常量的几何体。反演前要进行适应的圆滑处理和相应的异常分离，准确地确定出曲线特征点及坐标点。

（3）选择法。其原理是根据实测重力异常在剖面或平面上的分布与变化特征，结合测区地质、物性资料等给出引起异常的初始地质体模型，然后进行正演计算，将计算的理论异常与实测异常进行对比，两者偏差较大时，根据掌握的场源体资料对模型进行修改，重新计算其理论异常，再次进行对比，如此反复，当两种异常非常接近，其偏差达到误差要求的范围时，理论模型即可代表实际的地质体，反演过程结束。

（4）归一化总梯度法。是一种利用较高精度测量的重力异常来确定场源形态、断裂位置及密度分界面的方法。其出发点在于剩余质量的引力位及其导数在场源体以外空间都是解析函数，在场源处则失去解析性，解析函数中失去解析性的点称为特征点或者奇点，确定场源问题就是通过对异常的解释延拓来确定函数的奇点位置。

第三节　非金属矿产地质勘查及其评价

"为了提高非金属地质矿产勘探的精度，提高工作的效率，我们就需要对非金属地质矿产勘查工作的方法进行分析探究，找到适应时代发展的工作手段，同时，也需要更多的现代科学技术进行支持，不断加强管理，提高矿产资源的勘查工作效率，使得工程项目顺利进行。"

一、非金属矿产、矿床

固体矿产一般分为三类：金属矿产、非金属矿产、燃料矿产。由于科学技术的发展，非金属矿产利用范围日益扩大，它所包含的矿种不断增加。

非金属矿产指的是除金属矿产、燃料矿产以外的具有经济价值的任何种类的岩石、矿物或其他自然产出的物质。这个定义虽然比较严谨，但还有一些特殊情况未包括在内，例如，某些主要作为金属开采的矿产，如铝土矿、铬铁矿、钛铁矿和锰铁矿石，也是非金属原料的重要来源。

非金属矿床是指除矿物燃料及水资源以外的其化学组成或技术物理性能可资人类社会开采利用且具经济价值的，包括宝石、玉石和彩石在内的所有非金属矿物和岩石以及与之共同产出的夹石、围岩，共生和伴生矿所构成的地质体。工业矿物和岩石是非金属矿的同义语。宝石、玉石、彩石和砚石在有的文献中按国外的某些习惯被列入非金属矿种之内。但实际上有一部分非金属矿既可作为工业、农业原料，且其中又是宝石、玉石、彩石和砚石材料，如金刚石与钻石，刚玉与红宝石、蓝宝石，叶蜡石与寿山石、青田石、鸡血石、和田黄等。另外，宝玉石业也是工业的一个组成部分。所以中国一般将宝石、玉石、彩石和砚石矿床归入非金属矿床的范畴。

地壳中能产出非金属矿产的地质体被认为是非金属矿床。非金属矿床主要由 O、Si、

Al、Fe、K、Na、Mg 等元素组成,它们是地壳中的主要成分,其克拉克值较高,如 O、Si、Al 三者之和占地壳质量的 82.58%。因此,由其组成的非金属矿床种类繁多,分布广泛,使我们有可能大量地加以利用。

构成非金属矿床的矿石矿物主要是含氧盐类,特别是以硅酸盐、硫酸盐、碳酸盐最为主要,磷酸盐、硼酸盐次之,氧化物、卤化物和某些自然元素也可以形成矿床。

非金属矿产的分类,世界各国多按用途进行划分。如美国分为:磨料、陶瓷原料、化工原料、电子及光学原料、肥料矿产、填料、过滤物质及矿物吸附剂、助溶剂、玻璃原料、矿物颜料、耐火原料及钻井泥浆原料。苏联分为化学原料、黏结原料、耐火-陶瓷原料和玻璃原料、集合原料和晶体原料。我国则分为化工原料、建筑材料、冶金辅助原料、轻工原料、电器工业原料、宝石类和光学材料。

二、非金属矿在国民经济中的意义

非金属矿产是为人类最早利用的一种矿产,石器时代的石刀、石斧,或新石器时代仰韶文化(前 5000—前 3000 年)的彩陶,都充分说明了这一点。至 20 世纪初所利用的主要非金属矿产约 60 种,目前竟达 200 种以上。随着现代工业的发展,可供工业利用的矿物和岩石种类还将继续增长。

目前,非金属矿产在以下方面利用比较广泛:

第一,建筑材料。建材用矿物原料占整个非金属矿产量的 90%。仅石灰岩一项,一年的消耗量近 20 亿吨。随着现代城市建筑向高层、超高层发展,要发展轻质骨料和轻质板材,使人们注意研究和寻找具有轻质、高强、隔热、隔音、防震等性质的非金属原料。为保暖和装饰,国外不少建筑外墙采用两层或三层玻璃,无疑大大增加了对原料的需求。

第二,冶金工业的辅助材料。随着冶金工业高速的发展,需要大量的非金属矿产,用以制造耐火材料、熔剂、球团矿黏合剂的原料。

第三,陶瓷工业。传统的陶瓷原料诸如高岭土、叶蜡石等均属铝硅体系,而硅灰石、钙长石、透闪石、透辉石等均属钙硅体系。钙硅体系的几种陶瓷原料,生产陶瓷时其优点在于节约燃料,提高成品质量和降低产品成本。尤其是节约能源这一点,对陶瓷工业来说更具有现实意义。

第四,处理"三废"、保护环境。环境污染是各工业发达国家的一大公害,促使采用某些非金属矿产来消除污染,清洁环境。各国在"三废"处理中投入使用的有沸石岩、珍珠岩、海绿石砂岩、硅藻土、硅质岩及白云岩等,尤其是天然沸石在环保方面得到较为普遍的利用。

第五,农业。大量使用磷、钾矿石生产磷肥、钾肥。由于矿产分布极不平衡,各国还开展了含钾岩石和含钾矿物的研究，有的已用于工业生产钾肥。为了提高肥效，改良土壤，还直接利用诸如海绿石、沸石岩、蛇纹石岩、珍珠岩和硅藻土等。

第六，其他工业。诸如玻璃、化工、造纸、橡胶、食品、医药、电子、电气、机械、飞机、雷达、导弹、原子能、尖端技术工业以及光学、钻探、玉器等方面也需要品种繁多、有特殊工艺技术特点的非金属矿产。

由上看出，非金属矿产在整个国民经济中占有相当重要的地位。在美国，非金属矿产的工业产值目前大于金属矿产的工业产值。可以说非金属矿产是现代化建设的重要物质基础。随着现代化工农业的发展，必然会对非金属矿产提出更多的要求。我国是世界上非金属矿产种类比较齐全的少数国家之一，目前已探明储量的非金属矿产约 80 种，产地 4500 多处，其中硫铁矿、石墨、重晶石、高岭土、石膏、大理石和花岗岩在国际上占有优势。沸石、珍珠岩、蛭石、海泡石、黏土等十几种非金属矿产为国际优势矿产。金刚石、蓝宝石、钾盐也有较好的发展前景。因此我国的非金属矿产开发利用的潜力是巨大的。

近年来，我国在非金属矿产地质工作方面已取得巨大成绩，但也应该看到非金属矿产地质工作还不能满足国民经济发展的需要。故我国需要加强非金属矿产的普查找矿工作，充分发挥非金属矿产资源的优势。要积极寻找如钾盐、金刚石、高中档宝石等这些国家急需的矿产资源。

三、非金属矿床形成和分布的总规律

第一，一定种类的非金属矿床分布在一定的含矿建造（含矿岩系）中。如海泡石矿床、水镁石矿床一定分布在高镁地层中，石墨矿床一定分布在变质岩系或酸性岩浆岩体中，硅藻土矿床的出现与玄武岩密切相关。

第二，各种非金属矿床常按一定规律共生、伴生组合在一定的含矿建造中。如菱镁矿矿床、滑石矿床和水镁石矿床常一起产出，石膏、芒硝、石盐等盐类矿床常一起产出。这种矿床的规律共生、伴生组合称为成矿系列。利用成矿系列可以在找到一种矿床后，再寻找与其共生、伴生的矿种。

第三，含矿建造和成矿系列的形成受构造环境的控制。不同的构造环境，控制着若干形成某些矿床的宏观成矿环境，形成不同的含矿建造和成矿系列，也就是说一定的构造环境形成一定种类和成因类型的非金属矿床。据此可以在不同的构造环境中寻找其所特有的非金属矿产。

第四，同一地区，在不同地质时代所处构造环境不同，形成的含矿建造和成矿系列也不同。这就可以根据区域地质历史中地壳发展各阶段的构造环境，在不同层位中去寻找含有特定非金属矿床的含矿建造和成矿系列。

第五，含矿建造反映了成矿的宏观环境，但并不是含矿建造中所有的有关层位或含矿层位在所有地区都成矿。这是因为矿床的形成还受其他成矿微环境影响，如成矿物源的丰富程度、成矿介质特性、成矿空间的保持状况、温度压力状态及其持续时间以及热液运移通道、岩浆冷凝时间等的控制。所以含矿建造与成矿系列的研究只是掌握相对宏观的成矿规律，指示找矿方向。在一定的含矿建造和成矿系列分布区域内找矿，还必须对有关的非金属矿床的成矿模式进行研究，以指导具体矿床的地质勘查。

将上述五个方面的规律归总起来加以运用，就可以判断一定地区不同时代地层或岩体中可能有的非金属矿床，就可以确定到什么地区、什么层位中去寻找哪一种非金属矿床。从相对宏观的角度对非金属矿床成矿规律进行研究，可以将局限于分矿种进行的非金属矿床学研究成果组织到一个从较高角度考察的有机体系中去，从而促使非金属矿床学研究水平的提高。当然，成矿系列这种从相对宏观角度对成矿规律的研究，并不排斥对具体矿床的相对微观的成矿规律的研究。成矿系列的研究是建立在具体矿床成矿模式研究的基础上的，成矿系列的研究又可促使成矿模式研究的深化，两者互相促进，相辅相成。

四、非金属矿产的勘查评价

非金属矿矿产的地质勘查与评价，在方法上很多与金属矿产是类似的和相近的，但在勘查研究和评价的内容和重点上却有许多不同特点。

很多非金属矿产，不是利用矿石中的某些有用化学成分，而是利用矿石中的某种有用矿物。因此，地质勘查的研究重点和评价标准，不是矿体中的某种有益组分和有害杂质的含量高低，而是其中有用非金属矿物的含量的多少。如云母、石棉、金刚石等，因而勘查中只查明有用矿物总含量还不够，还必须分别测定出各品级、各标号有用矿物的含量。因为不同品级和标号的有用矿物，不仅用途不同，而且价格也相差悬殊。

很多非金属矿产，都具有一矿多用的特点，用途不同，则对矿石质量的要求也不尽相同。对这类非金属矿产勘查评价时，应根据矿床本身的地质特征和各工业部门的要求，按不同指标，对矿体进行分别圈定，以尽量保证矿产的优质优用和物尽其用。

另外一些非金属矿产品，是由多种非金属矿物或岩石原料，按一定比例配料加工制成的。各种原料中的有益成分和有害成分往往互相关联和互相影响。因此在对这些矿产进行勘查评价时，除了要依据各种原料本身的工业指标要求外，还应考虑到配料间的相互影响，最终应以能满足产品总的要求为准。

还有一些非金属矿产，既不能用有用组分和有害杂质的含量，也不能用有用矿物的含量来圈定矿体和评价矿产，它只能根据矿石的某些物理技术性能来圈定矿体和评价矿床。如大理石、花岗石等建筑饰面石材矿产，主要是根据矿石的颜色、花纹、磨光面的光洁度、强度等物理技术性能来确定矿石的质量和是否具开采价值。对这类矿床，地质勘查的主要任务之一是查明它们的有关物理技术性能，而不是查明矿石的化学成分或矿物成分。这也是非金属矿产勘查的另一个重要特点。

总之，由于非金属矿产本身和应用上具有许多特点，因此，在地质勘查和评价工作中与金属矿产就有许多不同。为了加速我国非金属矿产的勘查评价和开发利用，要求地质工作者首先要克服过去的重"金"轻"非"的错误倾向，努力加强非金属矿产的勘查评价和开发应用研究，切实掌握非金属矿产的勘查评价特点，为发展我国非金属矿工业做出应有的贡献。

由于非金属矿床种类繁多、用途广泛，矿石的工业要求差别很大，因此，非金属矿床的勘查找矿与评价比较复杂，实际工作中应注意以下内容：

第一，寻找非金属矿床时应注意综合找矿和评价。非金属矿床虽然有各自的成矿地质条件，但有些种类不同的矿床可产于相似或相同的地质环境，因此，应注意综合找矿。如在石油普查中注意寻找钾盐、自然硫等矿床；在早前寒武纪变质岩分布地区注意寻找磷矿、滑石、菱镁矿、石墨、硼、高铝矿物、宝石等多种矿床；在盐类矿床中往往伴生有碘，因此要注意综合评价。有些非金属矿床，如珍珠岩、沸石、钙质膨润土、钠质膨润土等矿床，虽然成矿的物理、化学条件不同，但成矿的围岩都是相同或相似的，所以它们在空间分布上往往有密切的关系，可出现于同一矿区的同一层或相邻层位中，找矿时应综合考虑。

第二，评价非金属矿床时，应注意有用矿物的工业技术特点。与金属矿床不同，许多非金属矿物的物理性质或工业技术特点经常成为评价其经济价值的决定因素，甚至同一种工业矿物或岩石，由于其物性的某些差别，便具有不同的用途，因而对它们的工业要求也完全不同。

例如，光彩夺目、完美的金刚石大晶体，可作为贵重宝石；具有良好半导体或导热性能的Ⅱ型金刚石，可作为高级半导体器件及激光微波的散热片等重要元件；而普通的Ⅰ型金刚石，工业上只能利用其高硬度的性能作为磨料、磨具的矿物原料。

石棉纤维的良好可纺性、高的抗张强度以及隔热、保温、绝缘、防腐等特性，使其广泛应用于机械、化工、建材及国防等工业，因此石棉的工业技术性质是决定其工业价值的重要因素。

工业上利用膨润土的黏结性、吸水膨胀性、高度悬浮分散性、吸附有色离子以及矿物成分中蒙脱石含量高、杂质含量低等特性而应用于机械铸模、钻探泥浆以及石油化工等工业方面。评价膨润土矿石时，对其技术特性和有益、有害成分的含量一般都有一定的要求。当其技术特性与化学成分含量要求有矛盾时，只要其技术性能良好，经工业试验，证明其亦能为工业所利用，则可以技术特点的指标作为评价矿床的主要因素。

第三，加强物化探方法在找矿中的应用。相当多的重要非金属矿床地表出露越来越少，用一般手段已难以发现，必须重视找矿中物化探方法的利用。如加拿大萨斯喀彻温盐矿床的突破，归功于物探方法（伽马测井技术）的利用。利用航空和地面磁法查明与矿化的断裂构造、岩浆岩体等，可帮助寻找石棉、金刚石、水晶等矿床。国外利用航空照片、航磁测量配合地面磁测、电阻率测量等综合方法普查原生金刚石矿床很有成效。近年来，俄罗斯应用中子活化测井法成功地测定了萤石矿脉的厚度。

第七章　地质勘查安全管理与野外安全措施

第一节　地质勘查安全管理措施

一、地震勘探作业的安全管理措施

"近年来，随着地震勘探项目的广泛应用和不断发展，加强地震勘探项目安全生产管理逐渐成为一项重要的内容。在施工过程中，由于受作业环境和地质条件影响，一般采用地震勘探专用电雷管与专用乳胶震源药柱配合使用或采用可控震源作为激发源，使得地震勘探具有一定的危险性，必须采取合理的措施做好地震勘探项目中的安全管理，保证生产作业人员的生命财产安全和设备的正常运行。"

（一）地震勘探作业现场的安全要求

第一，地震仪器、爆炸机的放炮系统安全可靠、不误触发。发电机等电气设备接地线的接地电阻小于等于4Ω。在山地等地形复杂地区施工，通信器材满足地震爆破作业等高危项目施工的安全要求。

第二，按规定穿工作服、戴安全帽等劳保用品。高空作业人员必须拴、系好安全带。

第三，施工现场要设置醒目的安全文明施工标牌。为高风险的生产和运营以及相关的设施和设备建立清晰的安全警告标志，如"当心触电""高压危险勿靠近"等警示标志牌。地震炸药运输车应有"爆炸物品危险""严禁烟火"等警示标志。

（二）地震勘探成孔作业的安全技术

第一，地震勘探施工中的成孔、下药、监控、接炮线等作业要注意安全，放炮人员要注意上面的电线、高压线和地埋电线（电缆），确保离开安全距离（离开电线、高压线至少30m，电压越高要求离开的距离越大），成孔时防止人工钻的钻杆、汽车钻的井架触及电线、高压线。

第二，打完孔提钻杆前、下药（埋药）前再次确认上面没有电线、高压线，并离开电线、高压线达到安全距离。

第三，完成一个钻孔或下完药后，把人工钻的钻杆卸成小于 2m 的钻杆后再移向下一孔位。严禁扛着没有拆卸的钻杆移动行走（长钻杆易碰着电线）。汽车钻机要放倒钻井架移孔，禁止不放倒钻井架移动汽车钻机。

第四，汽车钻传送部位安装防护罩，钻机移位时平台上不能站人，钻机钻架上不能有人，人只能坐在驾驶室，以防对人造成伤害。

二、电法作业的安全管理措施

（一）电法施工的安全措施

电法野外作业人员应具有安全用电知识，熟练掌握本岗位的操作技术。新参加施工的人员经培训合格才能参加野外工作。变换工作人员要重新进行岗位操作技术培训。

第一，掌握基本的安全用电知识，掌握岗位的操作技术。要做到制度严明、口令一致。严格按操作员的通知供电和停电，没有接到发电机操作员或发射机操作员命令，任何人不得断、接插头或收线，以防发生触电事故。

第二，放线、收线和处理供电故障时严禁供电。在未确认停止供电时，不得触及导线接头。

第三，发送线框附近要设置明显的高压危险标志。大线接头处严禁接地，大线破损处必须使用防水绝缘胶带包好，以防接地漏电。注意不让村民和小孩触摸电瓶和接线头，以防触电伤人，必要时派专人看管。

第四，严禁在高压线下布设发射站和接收站，导线通过高压输电线的地段要注意防止触电事故。在民用供电线下作业应避免导线触及裸露供电线。

第五，野外施工应注意电线、高压线、地埋电线的完好。阴雨潮湿天气时注意带电电器设备表面潮湿易导电，阴雨潮湿天气时电线杆的拉线也易导电。

第六，当电线穿过稻田、池塘、沟渠时，需要提高高度以防止泄漏；过马路时，需要提升电线（最长 5m 以上）或将其埋在地下以防止其掉落和折断。要拧紧架空线，以免它们在风中摇晃。

第七，过沟谷时严禁拉线，以防与电线、高压线搭并。

第八，禁止在雷电和雨天（阴雨湿度大天气）进行电法作业。遇雷雨天气或远方有电闪雷鸣时，立即停止电法施工并断开所有接头后收线。

第九，电法和爆破在同一区施工时，手机、对讲机、带电的仪器设备等应离开炸药、雷管至少 15m，离开已埋药炮孔足够远的距离。

（二）高电压、大电流供电防触电措施

用发电机高电压、大电流供电时，除按电法施工防触电伤害的要求做好外，还必须按下列要求进行施工：

第一，必须做到制度严明、口令一致，严格按操作员的通知供电和停电。发电机接好接地线，发电机上有"高压危险勿靠近"警示牌。当工作电压超过 500V 时，供电作业人员必须使用绝缘防护用品。

第二，在有车辆行驶的路面铺设过路带。巡线员要时刻注意不让村民和小孩触摸发电机和接线头。在有人强行破坏大线时，应提前告诉发射机管理员并及时关闭电源。

第三，在视线不好的地方、人多的地方要有"电缆有电危险""高压危险""有电勿触摸"等警示牌。巡线员要带好对讲机和喇叭，保证用对讲机能和发射机管理员联系畅通，能用喇叭喊到巡线范围内的人员。

第二节　地质勘查野外作业的环境安全措施

一、野外作业环境安全

（一）野外营地安全与作业基本要求

1. 野外地质作业基本要求

在野外地质勘探作业中，无论是在钻探机台作业，还是在野外普查取样、测绘等作业都不能单独一人进行。此外，所有外出的野外地质勘探作业人员都应按约定时间和路线返回约定的营地。

在野外，食用动植物和饮用水源都应先进行检验性试验。地球上有 30 多万种植物，其中有半数可以食用。但一些植物含有有毒的生物碱、皂素、有机酸等物质，不可冒险食用。食用不熟悉的食物时应特别小心。有毒的植物吃过后，使人全身虚弱，皮肤发炎，眼睛失明，瘫痪，甚至死亡。

电是野外地质勘探工作中使用的主要能源，为保障安全用电，《地质勘探安全规程》规定，野外地质勘探临时性用电电力线路应全部采用电缆，且电缆应架空或在地下做保护性埋设，在电缆经过通道、设备处还应增设防护套。野外地质勘探电器设备及其启动开关的安装位置应在干燥、清洁、通风良好处。电器设备熔断丝规格应与设备功率相匹配，禁

止使用铜、铁、铝等其他金属丝代替熔断丝。

火是一种自然现象，而火灾大多是一种社会现象。引起火灾的原因，虽有自然因素，如雷击、物质自燃等，但由于人的不安全行为引起的居多。在野外地质勘探作业中，电、气焊作业较多，《地质勘探安全规程》中对电、气焊作业及其安全距离做了明确规定，即野外电、气焊作业应及时清除火星、焊渣等火源；电、气焊工作点与易燃、易爆物品存放点间距离应大于 10m。

地质勘探钻塔、铁架等高架设施和大树、山顶容易被雷云当作引泄体，因此钻塔等高架设施必须装避雷针，雷雨天气时，作业人员也不能在孤立的大树下、山顶上避雨，以避免被雷击造成伤亡。

地质勘探工作过程中所产生的坑、井是一种危险因素，应有围栏、井盖等防护措施，并应安装醒目的警示标志。易滑坡地段或其他可能危及作业人员或他人人身安全的野外地质勘探作业也应设置警示标志。有关危险和警告的安全标志应设置在危险源前方足够远处，以保证观察者在首次看到标志及注意到此危险时有充足的时间和安全距离。

2. 宿营地点的选择

宿营地点的选择，首先应考虑水源和燃料。由于帐篷是由质轻的材料制成，经不起风吹、石砸，所以搭帐篷时要注意避开风口、雨水通道以及松动的岩壁，避免被雨水冲下的树枝、石头等破坏帐篷。此外，还应注意防避雪崩、滚石以及突如其来的山洪等灾害。

夏季，宿营地点应选择在干燥、地势较高、通风良好、蚊虫较少的地方。通常，湖泊附近和通风的山脊、山顶是夏天较为理想的设营地点。

冬季，宿营地点应视是否避风以及距燃料、设营材料、水源的远近等情况而定。一般来说，森林和灌木丛是理想的营地。但应避开易被积雪掩埋的地点，如避开崖壁的背风处，因为在这种地形上，风很快会吹起大量的雪将帐篷或遮棚埋没。

3. 野外宿营要点

（1）尽可能利用天然的树洞、山洞等，以节省力气。如不合适可以稍加改造。

（2）不要在陡坡上或悬崖下，以及那些有岩石掉落、雪崩等风险的地方设营。枯树下也不适宜露营，以防它们折断时砸伤人员。

（3）不要在河床或峡谷等低洼处宿营。夜间，数公里外的洪水会突然而至，将帐篷冲毁。

（4）野外宿营应考虑当地气候条件。在干燥炎热地区，白天须防太阳暴晒，而夜间又要防寒。在潮湿的丛林地区应考虑防雨及防昆虫叮咬。

（5）应使帐篷或其他隐蔽场所的开口逆对风向，可用放倒的圆木、石块、冰块和积雪堆积起来，建一道防风墙，以阻挡狂风。

（6）冬季宿营应先将雪扫净，在雪层较深的地方，应将雪筑实再往雪上铺一层厚于10cm的干草，以防止雪受热融化。

（7）建雪洞时必须考虑风向。一般来说，雪洞应尽可能地建在斜坡上，雪洞洞口应设在雪峰的背风面，以便躲避冷风的侵袭。

（二）山区（雪地）注意事项

在山区、雪地进行野外地质作业时，一般应遵守和注意下列事项：

第一，每日出发前了解气候、行进路线、路况、作业区地形地貌、地表覆盖等情况。

第二，作业人员应当掌握在冰川、雪地等危险地段的行走方法。

第三，在大于30°的坡道或者垂直高度超过2m的边坡上作业，应当使用带有保险绳的安全带，保险绳一端应固定牢固。

第四，上或下陡坡、悬崖、峭壁应当采取长距离的"Z"字形路线行进。

第五，两人以上行走时应规定联络信号并应在视线之内。

第六，进入易雪崩的地区，行进中应系紧腰带并放长雪崩绳，各行进小组应保持5人以内。

第七，冰川、雪地作业，作业人员应成对作业，彼此间距应不大于15m。

第八，在雪线以上高原地区进行地质勘探作业，气温低于-30℃时应停止作业或采取防冻措施。

（三）林区、草地注意事项

在林区、草地进行野外地质作业，应随时确定自己的方位，与同行人员保持联络，必要时在作业路线上留下标记。了解所工作的林区是否设置有狩猎用的弩箭、套索、夹具、陷阱等。配备必要的砍伐工具，在砍伐时防止树枝回弹伤及他人。在林区生火应当确定风向、风速，选择在下风处生火，生火后应当有专人看守，离开时，应当熄灭残火，时刻注意防火。严格遵守林区防火规定，当出现火灾预兆（有烟味、烧焦味烟雾、野兽和鸟类向同一方向奔跑或飞翔等）时，应当迅速撤离到林中旷地、河边等安全地点。

（四）沙漠、荒漠注意事项

在沙漠、荒漠地区进行野外地质作业，应配备宽边遮阳帽、护目镜、指南针和防晒、消毒药品，着装标志应有利于识别。进入沙漠、荒漠地区工作前，应当了解该地区现有水井、泉水及其他饮用水源的分布情况，备足饮用水，出发前、归营后多饮水，作业和行进中少饮水，熟悉和掌握应对沙尘暴的防护措施，应知与沙漠海市蜃楼有关的知识。作业过程中随时利用路口、小路、井、泉等主要标志和居民点确定自己的位置。

（五）高原地区注意事项

进入高原地区应当多食用高糖分、富含维生素和易消化食品。饮食应当适宜，禁止饮酒，注意保暖，防止受凉和上呼吸道感染。初入高原，应当避免剧烈活动，日海拔升高一般不应超过 1000m。乘车上、下山，途中应当分段停留，嘴应尽量做咀嚼吞咽动作，以平衡体内外气压。在空气稀薄或海拔 3000m 以上地区作业，应当配备氧气袋（瓶），并尽量减少工作时间，减轻负重。在雪线以上高原作业应当配备防冻装备及药品，在温度低于 -30℃ 时应当采取防冻措施或停止作业。

（六）沼泽地区注意事项

进入沼泽地区应集体统一行动，并由经验丰富的人引路。作业人员应佩戴防蚊虫网、皮手套、长筒水鞋，扎紧袖口和裤脚，预防毒虫叮咬。查清地貌和植被，标记已知危险区后再开展野外作业。通过沼泽危险区域时，使用树枝、竹竿、木板等铺成道路后再通过。陷入沼泽时应当横握手中木棍、竹竿等，或者抱住湿草，保持冷静，不惊恐乱动，救护者应当站在稳定的地方，通过木棍、竹竿、绳索等救出遇险者。每日工作返回营地后应及时做好皮肤卫生保健，防止皮肤溃烂。

（七）岩溶发育及旧矿、老窿地区注意事项

第一，调查旧坑（旧矿老井、老窿、竖井、探井、探槽等）应当先检测有毒有害气体后再进行支护和通风。检测时应当佩戴防毒面具，用手电筒或矿灯照明，禁止使用火把或露焰灯。

第二，在垂直、陡斜的旧井壁上取样，应当设置升降工作台或吊桶等装置，作业人员应在工作台或吊桶内作业。

第三，探测洞穴应当携带电筒、灯、绳索、指南针等，勘测地下河、地下湖应当配备橡皮艇、救生圈等。

第四，进入洞穴时戴头灯，腾手出来做其他事情。作业人员彼此间应当系牢结绳，行进中应当沿途沿壁、交叉口处画上明显记号、编号、箭头，标明路径。

第五，严禁在顶板和侧壁上敲打，严禁在洞内奔跑，发现洞顶有松动现象时应当立即退出。

第六，洞口必须留有人员看守，有情况时及时通知洞内人员撤离。

第七，进洞前留意是否有动物活动痕迹，谨防虫蛇咬伤。

（八）特种矿产地注意事项

第一，在放射性异常地区作业应进行辐射强度和铀、镭、钍、氡浓度检测，采取防护措施。

第二，放射性异常矿体露头取样，应佩戴防护手套和口罩，尽量减少取样作业时间。井下作业应佩戴个人剂量计，限制作业时间。

第三，放射性标本、样品应及时放入矿样袋，按规定地点存放、处理。

第四，气体矿产取样，应佩戴过滤式防毒面具。

第五，地下高温热水取样，应采取防护措施。

二、野外作业危害与避险措施

（一）自然灾害防范

1. 雪崩

雪崩是积雪地区最危险的自然灾害之一。雪崩发生的多少跟气候和地形有很大关系。降水量大及山地坡度较陡的地方，发生雪崩的可能性就大。雪崩的发生还有空间和时间上的规律。在我国，西南边界上如喜马拉雅山脉、念青唐古拉山脉以及横断山地容易发生雪崩；天山山地、阿尔泰山地，冬春降水较多，雪崩也比较多。

发生雪崩前的征兆和预防措施如下：

（1）注意雪崩的先兆，例如冰雪破裂声或低沉的轰鸣声，雪球下滚或仰望山上有云状的灰白尘埃。

（2）要正确判断登山路线上有无雪崩痕迹，注意识别组成雪崩的三个区段，以及积雪表面是否有雪团滚落而留下的条痕轨迹。行走时应避免走雪崩区，实在无法避免时，应采取横穿路线，切不可顺着雪崩槽攀登。

（3）在横穿时要以最快的速度走过，并设专门的瞭望哨紧盯雪崩可能的发生区，一有雪崩迹象或已发生雪崩要大声警告，以便赶紧采取自救措施。

（4）大雪刚过或连续下几场雪后切勿上山。此时，新下的雪或上层的积雪很不牢固，稍有扰动都足以触发雪崩。大雪之后常常伴有好天气，必须放弃好天气等待雪崩过去。

（5）声音等振动波会引发雪崩，在危险地区不要大声喧哗或敲击，脚步要轻。

（6）不要在陡坡上活动。

（7）野外作业时，选择登山路线或营地应尽量避免背风坡，步调避免一致，以防共振引起雪崩。

（8）如有可能应尽量走山脊线，走在山体最高处。

（9）如必须穿越斜坡地带，切勿单独行动，也不要挤在一起行动，应一个接一个地走，后一个出发的人应与前一个保持一段可观察到的安全距离。

2. 塌方

塌方是指因地层结构不良、雨水冲刷或修筑缺陷等造成的道路、堤坝旁的陡坡或坑道、隧道的顶部突然坍塌。塌方的种类主要有雨水塌方、地震塌方、施工塌方等。在地道、山洞施工或打井、挖窖时忽视安全，塌方易于发生。发生灾害使工作人员被埋或受伤，救援时应注意以下方面：

（1）当有同伴被埋时，应了解清楚被埋人员的位置，在接近被埋人员时，要防止抢救挖掘工具对被埋人员的误伤，尽量用手刨挖。在实施塌方救险时，要注意附近的房架、断墙、砖瓦等情况，防止挖时倒塌。

（2）当挖到被埋人员时，尽可能把周围的泥沙、石块清理掉，搬动要细心，严禁拖拉伤员而加重伤情。

（3）被埋人员救出后，清除其口腔鼻腔内的泥沙、痰液等杂物，对呼吸困难或呼吸停止的人员，做人工呼吸；大出血伤员须止血；骨折者就地固定后运送至医院，搬运颈椎骨折者时需要一人扶住伤员头部并稍加牵引，同时头部两侧放沙袋固定。伤员清醒后喂少量盐开水。

（4）救出伤员后，被挤压的伤肢应避免活动，对能行走的伤员要限制活动，伤肢不应抬高，也不应热敷或按摩，想办法送到就近的医院急救。

3. 水灾

水灾通常发生在河谷以及低洼地带。如果在这些地区作业，遇到暴风雨，需要格外小心。

（1）如何逃离水灾。

①在野外，不要在河谷、山谷低洼处、山洪经过之处或者干枯的河床上宿营。宿营地选择在高地更加安全。

②如果营地受到洪水威胁，若时间允许，收拾完物品后撤离；若时间不允许，应马上往高处撤离。

③如果来不及跑上山坡等高地，可爬上附近的大树或岩石暂避洪水。

④不幸落水时，切勿惊慌，抓住洪流中的树木等漂浮物，漂流而下。在河湾等水流较

缓处游到河边，爬上河岸。

（2）如何穿越洪流。

①如果被洪水困住，不要轻易涉水过河，若有可能，尽量绕道而走。

②过河时要拿着大约有一人高的手杖、木棍或结实的竹棒，既可防止跌倒，也可探测水深。过河时，先用木棍探测水深，一脚站稳之后才能迈第二脚。

③背包不能过重，且要尽量抬得高一点，背包的腰带要解开，以便紧急情况下能迅速卸下背包。

④利用绳子结伴依次过河最为安全。绳子的一端系在过河者腰间，另一端绑在树干或岩石上。如附近没有牢固的物体，岸上的人可用手抓紧绳子，这样如果过河的人跌倒，同伴可将他拉起。一人过完河后，就可以在对岸帮助其他人过河。

⑤如果无绳子，或绳子不够长，也可以几个人手拉手，腰间系上同一根绳子，结伴过河。前面的人举步，其他人在水中站稳，以防一起跌倒。

4. 火灾

（1）逃离森林大火。森林大火蔓延迅速，往往难以控制。因此遭遇森林大火时，必须尽快判断周围情况，采取最适当的行动。

①最佳的逃生方式是朝河流或公路的方向逃走。此外，也可跑到草木稀疏的地方。同时要注意风向，避开火头。

②如果被大火挡住去路，应走到最开阔的空地中央，如有可能要清除自身周围的易燃物。不要走近干燥的灌木丛或野草茂盛的地方。

③如果带有水，弄湿毛毯或外衣，遮盖头部。如果附近有溪流、池塘，赶紧涉到水中央。

④如果火焰逼近，来不及跑，应该马上伏在空地上或岩石后，身体贴近地面，用外衣遮盖头部，以免吸进浓烟。

⑤倘若身在汽车内，不要下车，关闭车窗车门以及通风系统。虽然汽车的燃油箱可能爆炸，但是下车后被烈火烧伤或因吸入浓烟而窒息的危险更大。如有可能，立刻驾车逃离。

⑥如有可能，可以挖洞藏身，等待大火火头过去。

⑦大火过后，可逆风向而行，弄熄余焰，穿过已烧过的火区寻找出路。

（2）扑灭小火灾。如果发生小面积的火灾，要设法把它扑灭。

①如果附近有人，应派人去求救，或者呼救。

②灭火时可用弄湿的毛毯、外衣、布袋，也可以砍一棵合适的枝叶茂盛的小树，如1米多高的小松树，做灭火拍。

③灭火时要背着风，从火的边缘向里扑救。这样，就算火突然旺起来，也不会迎面扑来。

④用力地拍打火焰、急挥灭火拍只会使火势更加猛烈。应该持灭火拍压火，将一处压灭，再压一处，不要乱打。

⑤倘若火势已经一发不可收拾，马上逆风走到安全之处，尽快向有关方面报告。

（3）帐篷起火。帐篷大多是易燃物，帐篷刚起火时应以灭火为主。人员应尽快有序地撤出，弄断拉绳，推倒立柱，将火扑灭。如火势猛烈，应以保护生命、防止引起山火为主，不要让帐篷撑立着燃烧，要将其推倒，防止火势蔓延。

（4）预防火灾。

①在林区严禁吸烟。切勿丢弃未熄灭的烟头或烟斗灰烬，往往因吸烟者的疏忽大意，使其成为森林火灾的罪魁祸首。

②在干燥的季节，最容易发生火灾。针叶林中的满地枯叶，内含油脂，见火就着，应当小心。

③野外生火，不能靠近干枯的草丛和灌木丛。火源周围2米范围内不能有易燃物。

④野外生火，要在背风的地方，防止吹飞的火星或灰烬引燃周围的草木。

⑤离开营地时，彻底把火弄灭，做到人走火熄。

（二）动物伤害防范

1. 蛭类伤害的预防与处理

水蛭，体长 30~60mm，背腹扁，体色背黑褐、腹黄褐，整体密生环纹。体前后各有一个吸盘，前吸盘中有口，口腔内有三个半圆形的颚片，可以割皮肤。在吸血的同时，唾液腺能分泌抗凝血酶和血管扩张素，使伤口流血不止。水蛭广泛分布于我国各地的河流、湖泊、池塘、水田、水库等水域，涉水时应该注意。

（1）水蛭叮咬的处理方法。

①被水蛭叮咬时，不要用手直接拽下。可以用手或其他扁平物拍打，或用烟头、打火机烤。

②若没有消毒水，可以用盐水或清水冲洗伤口。然后，手压法止血10分钟以上，或者加压法包扎。

③向医生咨询。

（2）预防水蛭。方法包括：①水中活动尽量不赤脚；②经常检查浸水肢体；③烟蒂泡水，涂抹身体（干扰水蛭化学感应器）。

（3）预防旱蛭。除了生活在水中的水蛭外，还有陆生的旱蛭，常栖息在山林的草丛和灌木中，也会吸血，预防旱蛭的方法与水蛭类似。包括：①服装不要有开放点；②穿越林地后，及时检查；③用烟蒂、香水等气味干扰其化学感应器。

2. 节肢动物伤害的预防与处理

（1）蝎子蜇刺。蝎子属蛛形纲，蝎目。白天常隐藏在缝隙、石块、落叶下，夜间活动。蝎子尾端有一个发达的尾刺，具有毒腺，能分泌神经性毒素。人被蝎子蜇刺后，疼痛难忍，伴随局部或全身中毒，多处被蜇刺甚至有性命之忧。

第一，中毒症状。伤口剧痛，局部红肿、水疱、血疱、组织坏死。两小时许，出现烦躁、出汗、流口水、气喘、恶心，甚至呕吐的症状。多处被蜇刺者可出现呼吸困难、昏迷，严重者可因呼吸麻痹而死亡。

第二，处理方法。3%的氨水泡洗患处，拔出毒刺，用肥皂水清洗伤口，结扎肢体，防止毒素扩散，蛇药溶解涂抹患处。大青叶、半边莲捣烂外敷。去医院就医。

第三，预防措施。包括：①不要赤手在缝隙、石块下摸索；②放在营地地面的服装、鞋帽要检查后再穿；③帐篷离地面较近处的拉锁要拉好。

（2）蜈蚣咬伤。蜈蚣属多足纲，夜行性动物。附肢较多，每体节有一对足，背腹扁。第一对附肢特化为颚足，颚足的基部愈合。末端为毒爪，内有毒腺。毒腺虽然不能致命，但毒腺会分泌大量毒液，使伤者疼痛难忍。

①中毒症状。红肿、疼痛，严重者出现眩晕、恶心、呕吐、发热等症状，治疗不及时可发生局部组织坏死。

②处理方法。蜈蚣的毒素属于酸性，可以用一切碱性液体中和，肥皂、石灰石、氨水都可涂抹患处，明矾调匀涂于患处，蛇舌草捣烂外敷，蛇药片溶化外敷。

③预防措施。同蝎子的预防措施。

（3）蜂类蜇刺。马蜂属胡蜂科。蜜蜂科的许多种类也有蜇刺，但是没有胡蜂科恐怖。

①蜇刺症状。局部有红肿、发热、剧痛等症状，5~7天后逐渐消退。

严重者出现头晕、眼花、气喘等症状。多处、大面积蜇刺可引起过敏性休克，并导致死亡。

②处理方法。千万不要挤压伤口，以免毒素扩散，认真检查，看看是否有蜇刺留在皮肤内。若有，应及时用小刀或针挑出。伤口流血可顺其自然。

被咬伤时，先判断是被什么蜂蜇刺的，一般蜂毒属于碱性，不要用肥皂水去清洗。可以用酸性液体冲洗，如3%的硼酸、1%的醋酸，也可以直接用醋清洗。但蜜蜂的毒液是酸性的，应该用肥皂水等碱性液体冲洗，如果情况严重，应该送医院。

③预防措施。远离蜂巢。蜂类对自己的蜂巢十分珍惜，会誓死捍卫。如果在蜂巢附近随意晃动其筑巢的树枝，后果不堪设想。

一旦被蜂群攻击，千万不要去扑打，那样会引来更猛烈的攻击。可以用厚衣服蒙住外露的皮肤，远离蜂巢。如果附近有水源，可以钻到水里（换气要迅速）。

建立营地时，应该远离蜂巢扎营。先观察周围是否有蜂类出没，如果有，要分析是出于花蜜的原因还是附近有蜂巢。如果衣服很鲜艳，会有蜜蜂在身边飞舞或落在身上，不要扑打它们，站立不动，它们不久就会离开，根本不用紧张害怕；如果遇到蜂群的围攻，可用火、烟驱赶。找一把干草，迅速点燃，手拿点燃的柴草原地转圈，并且不断添加手中的柴草。蜂类比较害怕火和浓烟。

（4）蚊虫叮咬。野外的蚊虫还是有必要防范的。因为野外的蚊虫不仅影响人们的休息，还会传播疾病，如疟疾、乙型脑炎、黑热病、血吸虫病等。

①处理方法。蚊虫唾液腺为酸性，可用碱性液体处理，肥皂水、苏打水等可以涂抹叮咬处，涂抹蚊虫叮咬药水，车前草捣烂外敷可止痒。

②预防措施。在没有任何措施的野外，可用泥浆涂抹身体裸露部分防蚊虫叮咬。烟熏，艾蒿、熏蚊草等有芳香气味的植物可以放在篝火上，形成的烟雾可以驱赶蚊虫。香水对蚊虫有一定的驱赶作用，但效果不显著。有蚊虫的季节，去野外前应注射乙脑疫苗。进入草丛前，尽量少让皮肤暴露在外。宿营时远离死水池塘，睡觉前检查帐篷。

（5）蜘蛛咬伤。蜘蛛的螯中有毒腺，这是它们用来杀死猎物的武器。被蜘蛛咬伤一般都会有反应，只是程度不同。

①伤害症状。微毒蜘蛛咬伤可引起局部红肿，有少量血迹，毒蜘蛛咬伤会出现局部皮肤变形，逐渐坏死。剧毒蜘蛛咬伤除局部症状外，可以引发全身症状，如发烧、打寒战、呕吐、皮肤过敏等。

②处理方法。局部消炎处理，根据情况口服或注射解毒消炎药物。

③预防措施。蜘蛛经常会爬到人身上，不要用手抓，可以用小棒挑开。不要徒手在缝隙、屋檐下、树洞里摸索。脱下的鞋子、衣服经检查后再穿上。

（6）蛇。在野外，被毒蛇咬伤而死亡的概率在动物伤害的死亡率中是最高的。所以，对于野外工作者来说，学习有关毒蛇方面的知识非常重要。要学会鉴别毒蛇与无毒蛇，毒蛇一般头形多为三角或心形，体色鲜艳，攻击性强。一旦被咬到，先通过头形和皮痕判断前来攻击的是毒蛇还是无毒蛇，然后再进行处理。

①中毒症状。毒蛇咬伤的普遍症状一般表现为局部充血、水肿，时间稍长伤口逐渐变黑。伤口胀痛，附近淋巴结肿大。

若被神经毒液的毒蛇咬伤，一般表现为伤口无红肿迹象，稍感疼痛，主要反应是麻木。但很快就出现头晕、发汗、胸闷、视觉模糊、血压低、昏迷，最后因呼吸麻痹而死亡；若被血液毒液的毒蛇咬伤，一般表现为伤口剧烈疼痛，有灼烧感，并伴有局部肿胀、水疱、发热、流鼻血、吐血等症状，最后休克、循环衰竭导致死亡；如果是混合毒液的毒蛇咬伤，两方面的症状都可能出现，最后注意力多会下降。

②处理方法。

判断。被咬后，首先确定是否为毒蛇咬伤。如果可以确定是毒蛇咬伤，马上让受伤者安静下来，过多的活动会导致毒液迅速扩散。

结扎。结扎伤口近心脏方向的一端，阻止毒液扩散。一般情况下，被咬伤的部位多为手、脚、小腿等部位。结扎部位一般为：手指结扎手指根；手掌结扎手腕；小臂结扎肘关节附近；足部结扎脚踝；小腿结扎膝关节。结扎的原则是阻止淋巴液回流。因为蛇毒在淋巴液的扩散是快速的、致命的。结扎的时间可以持续 8~10 小时，并且要每 30 分钟放松 1~2 分钟以防止肌肉坏死。如果这段时间里不能到达医院，要根据具体情况适当放松结扎部位，以防止肢体坏死。

冲洗伤口。用清水反复冲洗伤口，任凭血液外流。

排除毒素。尽可能地排出毒液，可以在伤口处做十字切口使毒液流出。如果手上有罐头瓶或水杯，可以用拔火罐的方法，加快毒液的排出。另一种方法是用燃烧的木炭灼烧伤口，因为高温可以使毒液变性，降低毒性。

药物。去野外工作应带上些蛇药。现在市场上有专门的蛇药出售，例如，广州产的蛇药散、上海产的蛇药片等，有内服、外敷的，药品包装上有详细的说明。另外，如果有草药也可以临时救急。例如，半边莲捣碎外敷，煎汤内服，就有一定疗效。

③预防措施。

了解毒蛇的栖息地。蛇是变温动物，在比较凉的季节和早晨蛇要靠太阳提高体温，所以，在这种情况下它们会选择较高或草丛的开阔处。蛇的主要食物是蛙类、鼠类、鸟类，有这些动物出没的地方要小心。蛇耐饥饿，但不耐干渴，所以毒蛇一般喜欢栖息在离水源不远的草丛中。

了解蛇的习性。蛇对静止的东西不敏感，喜欢攻击活动的物体。如果与毒蛇相遇，不要突然移动，保持镇静，原地不动，毒蛇便会自己离开。在毒蛇比较多的区域，走路要小心，不要踩到蛇。

了解攻击部位。蛇类攻击人的部位以膝盖以下为主，翻动石块和草丛时则容易被咬到手。所以，在毒蛇比较多的区域活动，要穿上比较厚的皮靴，最好能打涂胶裹腿，这样即使被咬，也不会有大问题，徒手工作要格外小心。

打草惊蛇。在多蛇地区，找一个木棒，一边走路，一边在身体前用木棒扫打草丛。被惊动的蛇一般都会跑开。

利用工具。用有分枝的树枝制造蛇叉，干长 1~1.5m，分枝长 10cm 左右。有蛇扑来的时候，看准了，迅速叉上去，很容易制服它。

对于蟒蛇，主要是防止被它缠绕。一般情况下，不过分靠近蟒蛇是不会被伤害的。

3. 野兽伤害的预防与处理

野外常见的野兽有野猪、狼、熊等。由于近年生态环境的破坏和非法捕杀，野兽的数量急剧减少，很多都被列为国家保护动物。因此，在野外不到万不得已不要捕杀野兽，遇到野兽或发现进入野兽活动、穴居的区域要赶快离开。不要接触幼崽，这样很容易招到野兽的攻击。如遇狼群，用篝火吓退它们。狼群攻击时，狼首一般坐在旁边看，如果可能首先击毙狼首。熊体积较大，不怕火，但对声音敏感。

三、野外急救与疾病控制

野外环境复杂多变，随时可能遇到意外情况，危险在所难免。特别是在人烟稀少、地质环境与自然环境恶劣的地方进行野外工作，其危险性更大。由于野外工作的性质和需要，不可能带很多医疗设备，若在野外碰到危险，如出血、骨折、呼吸困难、心搏骤停等，都需要野外工作者自己或同伴懂得必要的急救知识，及时地进行急救应急处理，把伤害程度降到最低。

（一）野外救护方法

野外急救方法仅限于野外缺医少药的环境，而非医学上的最佳处理方法，其目的是防止伤害进一步扩大。在野外实施急救时，必须保持冷静，以免出现混乱。一般急救步骤为：①诊断或者估计伤情；②判断周围环境是否适合就地实施急救；③确定在目前情况下最适合的急救措施；④实施急救，同时发出求救信号；⑤在最短的时间内把伤员送到医院。

1. 心肺复苏与人工呼吸

在野外，急性心肌梗死、严重创伤、电击伤、溺水、挤压伤、踩踏伤、中毒等多种原因都可能引起呼吸、心搏骤停。对于呼吸、心搏骤停的伤病员，心肺复苏成功与否的关键是时间。在心跳、呼吸骤停后4分钟之内开始正确的心肺复苏以及8分钟内开始高级生命支持者，生存希望大。

（1）心肺复苏操作步骤。

①判断意识。轻拍伤病员肩膀，高声呼喊："喂，你怎么了。"

②高声呼救，招呼同伴帮助。

③将伤病员翻成仰卧姿势，放在坚硬的平面上（注意保护伤员脊椎）。

④打开气道。用仰头举颏法打开气道，使下颌角与耳垂连线垂直于地面。

⑤判断呼吸。判断呼吸的时间不能少于 5~10 秒钟。一看，看胸部有无起伏；二听，听有无呼吸声；三感觉，感觉有无呼出气流拂面。

⑥口对口人工呼吸。救护员将手放在伤病员前额，用拇指、食指捏紧伤病员的鼻翼，吸一口气，用双唇包严伤病员口唇，缓慢持续将气体吹入。吸气时间为 1 秒钟以上。吹气量 700~1100 毫升。吹气时，病人胸部隆起即可，避免过度通气。吹气频率为 12 次／分钟（每 5 秒钟 1 次），正常成人的呼吸频率为 12~16 次／分钟。

⑦胸外心脏按压。按压部位为胸部正中，两乳连接水平处。按压方法为：a. 救护员用一手中指沿伤病员一侧肋弓上滑行至两侧肋弓交界处，食指、中指并拢排列，另一手掌根紧贴食指置于伤病员胸部；b. 救护员双手掌根同向重叠，十指相扣，掌心翘起，手指离开胸壁，双臂伸直，上半身前倾，以髋关节为支点，垂直向下，用力、有节奏地按压；c. 按压与放松的时间相等，下压深度 4~5cm，放松时保证胸壁完全复位，按压频率 100 次／分钟。正常成人脉搏 60~100 次／分钟。

（2）心肺复苏有效特征包括：①伤病员面色、口唇由苍白、青紫变红润；②恢复自主呼吸及脉搏搏动；③眼球活动、手足抽动、呻吟。

（3）复原（侧卧）位。心肺复苏成功后或无意识但恢复呼吸及心跳的伤病员，将其翻转为复原（侧卧）位。

①救护员位于伤病员一侧，将靠近自身的伤病员的手臂肘关节屈曲成 90°，置于头部侧方。

②另一手肘部弯曲置于胸前。

③将伤病员远离救护员一侧的下肢屈曲，救护员一手抓住伤病员膝部，另一手扶住伤病员肩部，轻轻将伤病员翻转成侧卧姿势。

④将伤病员置于胸前的手掌心向下，放在面颊下方，将气道轻轻打开。

2. 止血

人体内血液有 5000~6000 毫升，如果受伤后流血不止，失血超过 800 毫升，就会引起休克或死亡。因此，流血不止是造成伤员死亡的主要原因之一。伤口流血可分为三种。①动脉出血。出血时似泉涌，颜色鲜红，常在短时间内造成大量出血，如不及时止血，将危及生命。②静脉出血。出血时缓慢不断地外流，呈紫红色。③毛细血管出血。出血时血液呈水珠样流出，多能自动凝固止血。

外伤出血的急救方法主要是指压止血法、加压包扎止血法和止血带止血法等。

（1）指压止血法。指压止血法是在伤口的上方，找到跳动的血管，用手指紧紧压住，这只是应急的临时止血方法，同时应准备材料换用其他止血方法。通常动脉流经骨骼并靠近皮肤的位置均为按压点。以下为常见身体部位出血的指压止血压迫点：

①面部出血。压住下颌角与喉结之间的面动脉。

②臂部出血。在上臂肱二头肌肉内侧沟处，将肱动脉压在肱骨上。

③手掌和手背出血。在腕关节内，即通常按脉搏的地方，压住跳动的桡动脉。

④手指出血。使劲捏住手指根部。

⑤大腿出血。屈起大腿，使肌肉放松，用大拇指压住大腿根部腹股沟中点的股动脉。为增加压力，另一手的拇指可重叠压住。

⑥足部出血。在踝关节下侧，压住足背跳动的地方。

按压时间不能太长，按压 15 分钟后，慢慢放开手指，如果再度流血，则重新压住。

（2）加压包扎止血法。加压包扎止血法是用消过毒的纱布块或急救包填塞伤口，再用纱布卷或毛巾折成垫子，放在出血部位的外面，用三角巾或绷带加压包扎。

（3）止血带止血法。用止血带紧缠在肢体上，使血管中断血流，达到止血的目的。如果没有止血带，也可以用三角巾绷带、布条等代替。止血带要缠绕在伤口的上部。止血带的下面，要垫上铺平的衣服、手巾或纱布，不要直接紧缠在皮肤上，以免勒伤皮肤。缠止血带后，因为血液不流通，时间久了，肢体就会发生坏死，所以每隔 15~30 分钟要松一次，但放松的时间不可太长。只要血流一通就要再行缠绕，并要抓紧时间，赶快把伤员送到救护站。

缠上止血带后，应系一个标记，说明缠上止血带的时间，以便送医后医生了解情况。

3. 骨折固定

（1）常见的骨折类型。

①闭合性骨折。骨折处干净，没有骨头突出或者刺穿皮肤的情况。

②开放性骨折。折断的骨头一端戳出皮肤，受感染的可能性也大大增加。

③青枝骨折。骨折只发生在骨头的一面，未折断的一面弯曲，像一根柔韧的嫩树枝。

④粉碎性骨折。骨头在骨折处碎成两块，许多小的碎片散落在两个大碎块之间。

⑤脱臼性骨折。在已经脱臼的关节处发生骨头折断或者裂开。

⑥撕裂性骨折。依附在骨头上的韧带或者肌肉被剥离，同时带有一小块骨头。

（2）骨折的处理方法。

①止血。骨折尤其是开放性骨折往往引发大量流血，必须马上为患者止血。

②止痛。骨折的剧烈疼痛往往引起休克，有条件时，应该为患者口服止痛药或者肌肉注射杜冷丁进行止痛，并注意保暖。

③复位。在野外条件下，不可能及时见到医生但仍须及时对骨折进行复位。复位时，先牵引肢体，然后试验性地缓缓伤肢恢复到原来位置。为了复位得尽量准确，可请另一人

用双手扶住折断处，感觉两端的断骨是否对齐。这样做往往会引发剧烈疼痛，但为了避免进一步的组织损伤和伤员的顺利运输，这个代价是应该付出的。复位成功后，应该马上固定。

④包扎。对于开放性骨折患者，应该进行包扎处理，以免伤口受到污染。同时，包扎也有止血和安慰患者的作用。

⑤临时固定方法。对于发生骨折的患者，在运输前，必须进行固定。固定的材料最好是特制的夹板。在野外，可以就地取材，用树枝、木棒、草捆、纸卷等。实在找不到固定材料也可以把伤肢与健康的肢体固定在一起，肢体之间要用毛巾、软布等做垫物。

4. 休克

休克是一个症状，或者是一系列症状的综合。这些症状产生的原因是体内血液流通不足，身体想努力补偿这个不足。

（1）症状。

①休克早期症状。皮肤苍白，脉搏快速跳动，四肢发冷，干渴，嘴唇干裂。

②休克常见症状。头晕、不辨别方向，或者莫名躁动；虚弱、无力、发抖；出冷汗；小便减少。

③休克严重症状。快速而微弱的脉搏，或者没有脉搏；不规则的喘气；瞳孔放大，对光线反应迟钝；神志不清，最终昏迷并死亡。

（2）医治。

受了伤的人都有可能会休克。不管受伤的人有没有出现休克症状，都应该接受以下治疗：

①若患者是清醒的，将他放在一个平面上，下肢抬高 15~20cm。若患者已经失去知觉，让他侧躺或者面朝下，头部歪向一边，以防他被呕吐物、血或者其他液体呛着。

②如果拿不准采用什么姿势，就把患者放平。如果患者进入了休克状态，不要移动他。

③保持患者体温，有时候需要从外部给患者提供热量。如果患者浑身湿透，尽快脱下湿衣服，换上干衣服。用衣服、树枝或者其他可能的东西垫在患者身下，使之和地面隔开。临时搭建一个栖身之所使患者与外界隔开。

④从头部给患者提供热量的方式可以是喂食热的饮料或食物，这种热量还可以来源于预热过的睡袋、他人体温、壶装热水、用衣服包住的热石块，或者在患者两边生火。只有在患者清醒的时候才可以喂他热的饮料或者食物，小口地喂热的盐水、肉汤、茶或者其他热饮会更好。如果患者失去了知觉，或者腹部受了伤，不要给他喝任何东西。

⑤患者必须休息至少 24 小时。如果孤身一人，应找一个地方躺下，洼地里、树下或

者其他可以避开风雨的地方，要使头部比脚部低。

（二）常见疾病治疗

1. 痢疾

可能是由于水土不服、喝了被污染的水、吃了变质食品、疲劳、使用了不干净的盘子等原因造成的。如果得了痢疾，又没有任何止泻药，可以采取以下措施：

（1）24小时内限制流食摄入量。

（2）每两小时喝一杯浓茶直到腹泻频率降低或者停止。茶里面的丹宁酸能有效制止腹泻。阔叶木的树皮中也含有丹宁酸，将树皮煮两小时以上，使丹宁酸释放出来。

（3）用一把石灰，或炭灰，或干骨灰，再加处理过的水制成混合物，如有苹果糊，或柑橘类水果的果皮，按同等比例加入混合物中，会更加有效。每隔两小时服用两汤匙，直到腹泻频率降低或停止。

2. 高原反应

高原地区由于海拔高、空气稀薄，因而容易形成由低气压、缺氧引发的高原反应。高原反应常见的症状有头痛、头晕、心慌、气短、食欲不振、恶心呕吐、腹胀、胸闷、疲乏无力、面部轻度浮肿、口唇干裂等。危重时血压增高，心跳加快，甚至出现昏迷状态。有的人出现异常兴奋如酩酊状态、多言多语、步态不稳、幻觉、失眠等。高原反应的防治措施如下：

（1）从低海拔地区进入高原的人员，一定要进行全面严格的体检。凡有严重心、肾、肺疾病患者，严重高血压、严重肝病、贫血患者，均不宜冒险到高原地区。如果只患有一般疾病，必须预先采取必要的预防措施，如随身携带氧气袋（瓶）、药物等。对进入一定海拔高度地区后有抽搐、剧烈头痛或者昏迷现象者，则不宜进入更高海拔地段。

（2）高原反应的临界高度是海拔3000m。高原病患者要尽量往低海拔地区转移。

（3）一般情况下3~5天内即可逐步适应高原环境，胸闷、气短、呼吸困难等缺氧症状将消失，或者大有好转。吸氧能暂时缓解高原不适症。若高原不适应症状愈来愈重，即便休息也十分显著，应立即吸氧，送医院就诊；若症状不严重且停止吸氧后，不适应症状明显缓和或减轻，最好不要吸氧，以便早日适应高原环境。

（4）高原气温低，随气温急剧变化，要及时更换衣服，做好防冻保暖工作，防止因受冻而引起感冒，感冒是急性高原肺水肿的主要诱因之一。

（5）调节好在高原期间的生活。食物应以消化、营养丰富、高糖、含多种维生素为佳，多食蔬菜、水果，不可暴饮暴食，以免加重消化器官的负担。严禁饮酒，以免增加耗氧量。睡眠时枕头要垫高点，以半卧姿势最佳。

3. 中暑

在阳光下暴晒，或者是过度劳作都可能引起中暑。

（1）中暑症状。

①先兆中暑症状。表现为大量出汗、口渴、头晕、耳鸣、胸闷、心悸、恶心、四肢无力等症状，体温正常或略有升高，一般不超过 37.5℃，如能及时离开高热环境，经短时间休息后症状即可消失。

②轻度中暑症状。有先兆中暑症状，同时通常表现为体温在 38.5℃ 以上，有面色潮红、胸闷、皮肤灼热等现象，并有呼吸及循环衰竭的早期症状，如面色苍白、恶心、呕吐、大量出汗、皮肤湿冷、血压下降和脉搏细弱而快等。轻度中暑者经治疗后，一般 4~5 小时内可恢复正常。

③重度中暑症状。大多患者是在高温环境以突然昏迷起病，此前患者常有头痛、麻木与刺痛、眩晕、不安或精神错乱、定向力障碍、肢体不能随意运动等症状，皮肤停止出汗、干燥、灼热而绯红，体温常在 40℃ 以上。

（2）中暑的处理。

①出现或怀疑出现中暑症状，应立即通知队友，寻求帮助。

②立即移到通风、阴凉、干燥的地方，如树荫下。仰卧，垫高头部。

③松开或脱去衣服，如衣服被汗水湿透，应更换干衣服，以利呼吸和散热。

④尽快使体温降至 38℃ 以下。具体做法是用湿毛巾冷敷头部、腋下以及腹股沟等处。用水或酒精擦拭全身，有条件的话最好在冷水中浸浴 15~30 分钟。

⑤若周围环境闷热无风，则要人工扇风散热。

⑥服用淡盐水和解暑药，如藿香正气水。

4. 冻伤

当气温降到-1℃时，皮肤和肌肉就会发生冻伤。在体表的裸露部位和远离心脏的区域较易发生冻伤（远离心脏的区域受到血液循环的影响最小），例如手、脚、鼻、耳、脸等相对裸露的部位。

（1）症状。皮肤冻伤时，首先感到刺痛，接着皮肤出现苍白的斑点，感到麻木，进一步就出现卵石似的硬块，伴有疼痛、肿胀、发红、起瘤，肢体感觉逐渐减弱、消失。

（2）处理。如果是初步冻伤，仅仅伤及皮肤，将受冻的部位放到温暖处，例如将手夹在腋窝部，脚抵住同伴的胃部（不要时间过久），解冻的时候会产生疼痛感。若是深度冻伤，要采取措施以防止冻伤部位进一步恶化，不要用雪揉搓，或放在火上烘烤。最好的方法是将冻伤部位放在 28.0~28.5℃ 的温水中缓慢解冻，水温可以用肘部试探。若是严重冻伤，可能引起水瘤，易受到感染，也容易转为溃疡，冻伤部位的肌体组织将变黑、死去，最终剥落。不要挑破水瘤，也不可以摩擦伤处，伤处受热过快就会产生剧痛。可参见深度冻伤方法处理。

5. 雪盲

雪盲是一种由于太阳光线强度过高、过于集中而引起，通常是经地面冰雪反射或经过云层中的冰晶放射而形成的视力短暂消失的病症。在太阳高度角最大的时候，最容易发生。不过，即使无直接的太阳光线时，也能发生雪盲，如在高山、极地区域。

（1）症状。在睁眼时，眼睛相当敏感，接着不停眨眼，开始发生斜视，然后视线显现出粉红色，变得更红，似乎眼中存有沙子。

（2）疗法。到黑暗的地方，蒙住双眼，高温会加剧疼痛，放条冰凉的湿布在前额冰镇。良好的环境会及时治愈雪盲。戴上眼罩，防止眼睛外露。

6. 一般性中毒

（1）食物中毒。食物中毒的症状是恶心、呕吐、腹泻、胃痛、心脏衰弱等。对于不慎吞咽引起的中毒，最有效的方法就是呕吐，但对于那些呕吐时能引起进一步伤害的化学性物质和油性物质，这一方法就不可用。另一种方法是洗胃，快速喝大量的水，然后吃蓖麻油等泻药清肠；也可用茶和木炭混合成一种消毒液，或只用木炭，加水喝下去，让其吸收毒质。

（2）皮肤中毒。皮肤接触有毒植物后会引起过敏、炎症、糜烂等中毒现象，甚至导致死亡。皮肤接触有毒植物后，应用肥皂水冲洗干净，更要清除衣服上的污迹。不能用中毒的手触碰脸等其他身体部位。

第三节　地质勘查野外作业的行车安全措施

"地质勘查单位的一项基础工作就是野外勘查作业，在日常开展工作的过程中，大部分都是在野外进行，存在比较多的生产安全隐患。对野外地质勘查的安全生产管理工作加强重视，是地质勘查单位安全管理最为重要的内容，也是确保单位能够稳定发展的基础所在，可以最大限度地确保单位的效益。"

地质勘查野外作业道路交通安全是地质勘查单位安全生产工作的重要组成部分。影响地质勘查野外作业道路交通安全的因素很多，就直接原因而言，主要是人（驾乘人员）、车（运行车辆）、道路、交通环境四大要素。地质勘查作业过程的道路交通安全管理，关键是要加强驾乘人员、运行车辆的安全管理，充分认知和辨识特殊道路交通环境对交通安全的影响，采取有效措施预防和控制道路交通安全事故，实现安全生产目标。

一、交通安全管理

（一）交通安全管理基础

1. 健全管理制度

各级地质勘查单位应根据《中华人民共和国道路交通安全法》《中华人民共和国道路交通安全法实施条例》及各省（区、市）道路交通安全等法律法规和标准规范要求，结合地质勘查活动的工作实际，制定道路交通安全管理和车辆使用安全管理制度，规范驾驶人员作业和运输车辆调度管理行为。

2. 落实管理责任

各级地质勘查单位应建立各层级责任人员的道路交通安全目标管理责任制度，全面落实主要负责人、分管负责人、车辆使用管理部门负责人（车队长、办公室主任）、车班长和驾驶员的道路交通安全的目标责任，签订道路交通安全目标管理责任书，实行目标责任量化考核，兑现奖罚，形成横向到边、纵向到底的交通安全管理网络。

3. 加强教育培训

各级地质勘查单位应按道路交通安全法规规范要求，建立安全教育培训制度，安全及车管部门要采用板报、橱窗、标语、网络等多种形式加大交通安全宣传力度，教育驾乘人员遵章守法，自觉做好安全行车的各项工作。交通安全培训学习的主要内容有：学习交通法规，提高安全观念；总结行车工作，交流安全经验；分析事故案例，查找事故苗头；检查安全漏洞，制定防范措施；宣传安全典型，表扬好人好事。

4. 加强监督检查

地质勘查单位应建立健全交通安全监督检查制度，做好领导值班、安全值班日记、车辆安全管理档案等工作，经常开展交通安全检查，发现隐患及时整改。

（二）交通安全管理职责

野外工作车辆既是地质勘查人员在野外工作的生产工具，也是地质勘查人员在野外赖以生存的交通工具，加强野外工作车辆安全管理是地质勘查单位安全生产工作的重要内容。由于野外地质勘查工作具有流动、分散工作的特性，地质勘查单位一般对野外工作车辆及其安全实行分级管理，建立各级交通安全职责。

1. 局（集团）级交通安全部门

（1）贯彻国家及地方人民政府颁布实施的交通安全法规，制定本单位（系统）野外工作车辆交通安全管理制度。

（2）组织开展本单位（系统）交通安全教育和技术培训，组织开展本单位（系统）交通安全宣传活动。

（3）组织开展本单位（系统）交通安全检查和目标管理责任制绩效考核。

（4）组织开展本单位（系统）野外安全行车技能考核，严格驾乘人员管理。

（5）参与本单位（系统）交通事故调查处理，协调做好事故善后工作。

2. 队（公司）级交通安全部门

（1）认真贯彻执行道路交通安全法规和上级管理规章制度，制定本单位道路交通和车辆使用管理办法。

（2）健全本单位道路交通安全目标管理责任网络，逐级签订安全目标管理责任制，并严格考核兑现奖罚。

（3）组织道路交通安全培训，开展对机动车辆和驾驶员的安全检查。

（4）参加违章、肇事和运输设备事故的调查处理。

（5）组织开展各类安全行车竞赛活动。

3. 车队、办公室

（1）根据相关法律法规和地勘单位安全管理要求，结合地质勘探作业道路交通安全实际制定安全行车工作计划和有关管理措施，并负责组织实施。

（2）组织召开各类安全、车管会议，总结、分析各阶段的安全生产情况，并针对存在问题制定相应防范措施。

（3）负责组织驾驶员、车辆的调度安排，在保障行车安全条件下，满足地质勘探作业车辆出行需要。负责组织机动车辆的检审、日常维护保养、有关牌证换发、购买保险等管理事项。

（4）组织相关管理人员和驾驶员的安全教育培训学习，组织各种安全活动和安全竞赛。

（5）负责机动车和驾驶员的建档管理以及做好有关资料的收集、统计和各阶段工作总结，开展对驾驶员的安全目标管理责任制考核评价。

（6）负责处理本单位交通运输安全事故，会同有关部门做好事故善后和结案工作，同时做好事故车辆的估价、预算和索赔工作。

（7）负责安全设备的配置和日常检查与维护管理、保持正常状态。负责辖区道路交通安全标志的设置与管理。

4. 车班长

（1）负责管理好班组驾驶员和相关车辆，严格执行本单位的道路交通安全管理规章制度，做好车辆的技术建档和使用管理，及时、完整、准确地记录车辆运行、保修、肇事等有关资料。

（2）负责组织班组行车安全教育培训和班前班后会议，督促驾驶员遵守操作规程，做好爱车例保工作，管好、用好、养护好车辆，组织和开展爱车、节油、节胎等专业技术竞赛活动，总结和推广先进经验。

（3）编排车辆保养、维修计划，按期组织安排车辆、机械保养和维修，并会同安全部门定期做好车辆例保质量检查及车况检查工作。

（4）贯彻执行车辆耗油、用件、用胎的立卡、登记、考核、统计、盘查等各项管理、搞好成本节支、实施节超奖罚，定期分析测算、按月汇总上报。

（5）督促驾驶员办理公务车辆年审，并配合相关部门和领导处理事故及其他交通运输安全事项。

（6）办理单位领导委托和交办的其他车管及交通安全管理事项。

5. 驾驶员

（1）遵守交通法规和操作规程，抵制违章行为，维护交通秩序，确保安全行车。

（2）积极参加各项安全学习及活动，提高安全行车意识和技术水平。

（3）严格执行本单位安全管理规章制度，遵守劳动纪律，服从调度指挥，按时、按质完成行车（运输）任务。

（4）遵守车辆管理和保修制度，保持车辆、轮胎、附属装备、随车工具的整洁及车牌、证件齐全和完好。

（5）熟悉车辆性能，熟练驾驶技术，学习先进经验，掌握行车规律，努力完成各项技术经济指标。

（6）履行车班工作程序，做好车辆交接班工作。

（7）服从车班长、安全管理人员的指挥和检查，接受上级布置的有关任务和培训。

（三）车辆安全管理

加强车辆安全管理是做好野外交通安全工作的重要基础。各级地质勘查单位应结合本单位实际制定车辆管理制度，做到科学管理、合理使用、计划保养维修、定期报废规范管理。

1. 车辆选择要求

地质勘查单位工作车辆一般分为两类：一类是生产经营用车（属于公务用车），按照公务用车规定标准选择配置；另一类是野外作业用车，野外作业用车应根据野外作业环境条件选配，以满足作业地区的越野性能和特殊环境作业要求为原则。

2. 车辆技术档案管理

购置的车辆必须在单位所在地办理落户手续，车辆从购置到报废全过程的技术管理，应系统记入车辆技术档案。车辆管理部门和驾驶员必须逐车建立车辆技术档案。技术档案应认真填写，妥善保管，记载及时、完整和准确，不得任意更改，车辆使用（保管）人员变更时，车管部门应组织办理好移交手续，车辆行驶证等有关证件、随车配备的设施工具、车况等所有要素都必须登记清楚，并签名确认。车辆办理过户手续时，车辆技术档案应完整移交。

车辆技术档案的主要内容包括车辆基本情况和主要性能、运行使用情况、主要部件更换情况、检测和维修记录及事故处理记录等。

3. 车辆检查与日常维护

车辆管理部门要定期组织对车辆的安全检查，确保车况良好，对不符合安全要求的车辆要及时组织维修，消除隐患。车辆的日常维护是驾驶员的经常性工作，必须做到坚持三检、保持四清、防止四漏和车容整洁。坚持三检，即出车前、行车中、收车后检视车辆的安全状况，发现隐患及时报告维修，杜绝病车、故障车上路行驶；保持四清，即保持机油、空气、燃油滤清器和蓄电池的清洁；防止四漏，即防止漏水、漏油、漏气、漏电；车容整洁，即完成任务后要清洗整理车辆，保证车容车貌整洁、美观。

为保证车辆安全行驶，下列五种情况不能出（行）车：

（1）油、水、电系统有故障时。

（2）方向、制动设备性能不良时。

（3）安全设备设施不全时。

（4）驾驶员身体不适或服用影响驾驶类药物时。

（5）装运大型设备或者危险物品，安全防范措施未能落实时。

4. 车辆的修理

车辆管理部门应根据不同车型、技术性能，选择具有专业修理资质、综合技术服务能力较强的修理厂家、4S 店进行定点检修、保养。严格执行小修及时、大修适时的原则，驾驶员发现车辆故障应及时向车班长和车管部门负责人报告，根据上级指示到定点维修点进行维修。单位内部有维修机构的，要明确维修保养职责，按工作流程要求组织好车辆维修保养工作。

车辆出车期间的应急维修，应报经车管部门（车班长）批准同意，驾驶员应做好车辆维修过程中的监督检查以及出厂检查验收工作，确认车辆故障或导致故障发生的隐患因素已排除，确保车辆安全上路。

5. 租用车辆的安全管理

租用机动车车辆应注意以下事项：

（1）应在具备独立法人资格、能承担民事法律责任，各类经营证照齐全的汽车租赁公司租用机动车辆。

（2）签订车辆租赁合同和安全责任合同，明确双方安全责任与义务。

（3）检查车辆证照、保险等各类证件是否齐全有效，并与车辆相符。

（4）检查保险是否过期，保险内容必须有交强险、第三方责任险、人身伤害险等。

（5）在合同生效前检查车辆状况，车况必须良好，车辆性能要满足工作区各种环境的要求，特别是对越野性能的要求。选派单位上有经验的驾驶员对租用车辆进行试驾，确保租用车辆满足生产需要。

（四）驾（乘）人员管理

1. 驾驶员的选聘要求

（1）持有满足驾驶车辆要求的有效驾驶执照，具有丰富的驾驶经验。野外作业车辆驾驶员，应具有1000 000km以上安全行车经历和野外行车驾驶经验。

（2）有较好的职业操守和健康体质，有职业技术学校和初中以上文化程度。在特种环境条件下从事驾驶作业的，还必须具有适应环境条件的身体健康要求和必要的驾驶经验。

（3）选聘机动车驾驶员，必须具备相应条件并经驾驶技术考核合格后，才能办理聘用和调入手续。

2. 驾驶员的培训内容

驾驶员入职上岗前，车管部门要组织岗前培训，主要内容是入职综合教育、企业文化教育、职业道德操守教育、规章制度教育、劳动纪律教育、安全生产教育、岗位职责教育等。

3. 驾驶员的职业要求

（1）必须牢固树立安全第一的思想，遵纪守法，服从车管部门的统一协调管理。

（2）要爱护车辆，做好例行保养，保证车辆处于良好状况，必须服从调度，接受安全检查，按照派车单出车，认真做好行车记录和填报工作。

（3）行车前应系好安全带，行车中应注意力集中，能从容应对各种突发事件，确保人身和财产安全。

（4）应保证人员与车辆证照及各种证件齐全、有效，保证各种安全、通信设施配备齐全，并能正常运行，不得无照驾驶、无保障驾驶。

（5）行车过程中应及时了解掌握道路、交通环境变化情况，提前采取应急措施应对恶劣环境、极端情况的影响和挑战。

（6）为确保野外行车安全，驾驶员有权拒绝车管部门和随行人员的不当要求，有权、有责任就行车安全及其他事项提出建议。

（7）驾驶员必须做到一安、二严、三勤、四慢、四防、五掌握、六注意、七不走。

一安即树立安全第一，预防为主的思想，做到安全行车。

二严即严守交通法规和操作规程，严禁酒后开车。

三勤即勤检查、勤保养、勤整洁。

四慢和四防即情况不明慢，视线不良慢，起步、会车、停车慢，通过交叉路口、狭道、桥梁、弯道、险坡、车站及繁华地点慢；防行人（骑车人）突然横穿，防牲畜惊窜，防雨雾路滑翻车，防超会车辆或障碍时抢道。

五掌握即掌握车辆技术状况；掌握道路情况；掌握气候影响与风向；掌握地区变化；掌握车、马、行人、乘客动态和儿童活动特点。

六注意即注意了解当次装载、到达地、装卸地、运距、道路等情况，携带好派车单和证件；注意了解车辆技术状况，检查传动系、制动系、方向系、灯光照明等有关安全的主要部件是否齐全可靠，必要时予以调整；注意检查货物的包装、捆扎是否牢固，重心是否恰当，危险品装载是否符合安全要求；注意检查车门和栏板是否关好、扣牢，车辆四周和车下有无人畜或其他障碍物，对乘员要进行安全常识的宣传；注意保持车辆清洁和号牌字迹明显，携带随车工具和附件；注意在到达或中途停车过夜时做好安全停放，保管好未卸的货物。

七不走即人、货装载及装运三超货物（超长、超宽、超高）不符合交通规则规定，未经有关部门批准不走；车辆制动失效、转向失灵、轮胎气压不足不走；夜间出车无大灯、指示灯、刹车灯不走；遇水漫路面未摸清或超过桥梁、渡船的载重量，不符合标准不走；通过铁路时火车临近和路闸不放行不走；车辆有严重机件故障未排除不走；开车前身体不适，情绪不正常，精力不充沛，不宜驾驶不走。

4. 随乘人员的安全要求

（1）乘车人员在车辆行驶途中应系好安全带，不得将头、手或身体伸出窗外。

（2）乘车人员不得有妨碍驾驶员操作的举动，不得在车内嬉笑打闹，不得有任何影响驾驶员注意力的行为。

（3）乘车人员不能强行要求驾驶员疲劳驾驶、超速驾驶和强超强会。

（4）乘车人员要尊重和服从驾驶员的协调与建议。

5. 交通事故的处理

（1）发生交通事故后，肇事驾驶员应迅速报告当地交警部门和本单位车管部门负责人，在处理机关人员未到达前，应主动做好事故后果的抢救工作及保护好现场。

（2）车管单位接到事故信息后应立即派员前往现场协助处理。对重大事故还要按规定逐级上报，并会同安全部门和有关单位做好善后工作。

（3）肇事驾驶员在处理事故现场后 24 小时内应写出书面检查报送车管部门备案。书面检查要求将肇事日期、时间、所驾车辆号牌、行驶路线、出事地点、原因、经过、后果（含人、畜伤亡和车、物损失情况）及本人对事故的认识、教训、今后措施详细写清楚。

（4）为教育肇事者本人及广大驾驶员，肇事单位对事故要坚持"四不放过"的原则：事故原因未查清不放过，其他人员未受到教育不放过，防范措施未落实不放过，事故责任者未严肃处理不放过。

（5）对肇事驾驶员，肇事单位应根据其事故性质、责任和认识、表现，按照制度规定给予批评、警告、严重警告、记过、解聘及追究赔偿等处理。

（6）事故结案后，肇事单位应将事故结案书影印一份报送各级安全管理部门存档。同时事故结案书正本及索赔单位应汇总、整理交由有关经办人员办理索赔手续。

二、安全行车基本要求

（一）出车前的检查

出车前应对车辆的发动机、转向、制动、悬挂、传动、冷却系统、雨刮、灯光等进行检查，确认车况良好，同时还应检查的内容有四点。①轮胎（含备胎）。磨损情况、胎侧是否破损或鼓包、螺丝是否紧固、胎面是否有夹石、胎压是否正常等。②燃油、机油、润滑油、制动液、冷却液、玻璃清洗液等是否充足。③随车工具，包括：千斤顶、轮胎扳手、三角警示牌、灭火器、照明手电等是否齐全完好。④行车证、驾驶证、保险卡等是否有效并随车携带。

（二）出车前的准备工作

出车前应根据目的地的具体情况，应准备的物品包括：①定位和通信设备，GPS、车载电台、卫星电话、车载北斗终端等；②车辆消耗物品，机油、制动液、冷却液、清洗液及其他易损件等；③救援设备，打气泵、简易补胎工具、防滑链、千斤顶、钢丝绳、铁锹、木板、三角垫块等；④应急物品，应急照明灯、氧气袋（瓶）、防寒衣物、地质救生箱（应急药品、食物、饮用水）等。

（三）行车基本注意事项

第一，严格遵守交通法规。

第二，驾驶员必须集中精力，注意观察人、车、路情况，经常观察仪表，听发动机和底盘有无异常响声，闻有无异味，以便及时掌握汽车各部件的工作情况。

第三，应根据路况和气候条件谨慎驾驶，保持安全车速与跟车距离。

第四，长途行车时，中间应停车休息（一般情况下连续驾驶时间不得超过4小时，建议2小时应停车休息，且休息时间不得少于20分钟）。停车休息时，驾驶员应对车辆进行检查，如检查转向灯、转向横拉杆、直拉杆是否正常，制动鼓（盘）、轮胎是否发热，胎侧是否破损或鼓包，螺丝是否紧固，胎面（或是双胎间）是否有夹石，胎压是否正常，货物的捆绑情况等。

第五，下长坡时，必须挂合理挡位，用发动机转速控制车速；长时间下坡时，应适时停车冷却刹车片。

第六，便道和狭窄道路行车时，超车必须谨慎，要在道路平直、宽敞、前车让行、确保安全的条件下方可超车；会车时应主动让行，必要时提前在安全地带停车等候，或者是请随乘人员下车指挥缓慢通过。车辆掉头时，应选择适当安全的位置，在随乘人员的指挥、配合下掉头。

第七，接送作业人员时，应该保持通信畅通，按约定时间把车辆停在指定位置。如果作业人员未按约定时间到达指定地点，应及时联系；若长时间失去联络，应及时请求救助。

第八，发生事故时，应立即抢救伤员，车内人员撤离至安全地点，开启事故危险报警闪光灯，前后设置三角危险警示标志，保护好事故现场，并及时报警（120、122、保险公司、单位）。

（四）行车禁忌的行为

地质勘查作业行车，这些行为应当严格禁止：①酒后驾车；②超速、超载、人货混装、疲劳驾驶；③空挡滑行；④强超、强会；⑤驾车时吸烟、接打手机；⑥驾驶故障车，带情绪驾车；⑦服用兴奋剂或抑制型药物后驾车；⑧搭乘无关人员。

三、特殊道路环境安全行车要求

地质勘查作业行车，在野外可能无路可走，在特殊情况可能会在特殊的道路上行驶。

（一）特殊路段条件下行车

1. 涉水路段行车

遇有涉水路段，应先停车观察，探明水的深度、流速和水底情况，水深超过车胎的1/2时，原则上不宜通过；若因工作需要，或是遇紧急情况，应采取以下措施方可通过：

（1）应先观察入水路口和出水路口情况，若两边路口是湿的，说明近期有车辆通过，原则上可以沿老路过河。若两边路口是干的，则须探明水的深度、流速和水底情况，能确保安全通行后才能过河。

（2）涉水前，应加高进、排气口，对油箱加油口、机油尺孔、驱动桥上的其他通气孔用防水物包扎堵塞。必要时用防水布或塑料袋将电脑主板、分电器、高压线、点火线圈等包好。

（3）涉水时，应挂低挡、发动机高转速运行，低速平稳驶入水中，避免轰油门猛冲。涉水过程中应稳住油门，一次通过，避免中途停车、换挡或急转弯。若发生熄火，应采取人力推出或是借助外力牵引驶出，严禁启动发动机，造成发动机损坏的，必须到专业修理厂检修。

（4）行进中应看远顾近，尽量注视出水地点，车头稍微迎着上游呈弧线前进。不能注视水流或浪花，以免扰乱视线产生错觉，使车辆偏离正常的涉水路线。

（5）多车涉水时，应逐车依次通过，确保遇险情后能相互救援。

（6）车辆驶出水域后，应选择安全地点停车拆除防水包扎物，查看发动机点火系统、电脑主板是否沾水，并用干布将受潮的电器部件擦干，以防发生短路故障。检查各齿轮箱有无浸水，水箱散热器片之间有无漂流物堵塞，底盘、轮胎有无损坏。启动发动机确认汽车技术状况良好后，应低速行驶一段路程，并有意识地轻踩几次刹车踏板，让刹车蹄片与刹车盘（鼓）接触摩擦，排出制动器中残留的水分。

2. 泥泞（湿滑）路段行车

在泥泞与翻浆道路上行驶，由于松软的路面和黏稠的泥浆在车轮挤压下产生严重变形，使行驶阻力增大，驱动轮容易产生空转打滑和侧滑，制动性能降低，方向不容易掌握。行车过程中应掌握好以下要点：

（1）应提前降低车速，挂入四驱，选择低速挡位，匀速通过，中途尽量少换挡或停车，以免造成陷车。

（2）行驶中应尽量保持直线。轻踏制动，转向时，不可过急过猛，以防侧滑。

（3）车辆侧滑时，切勿使用制动器，应轻松油门，将方向盘向车辆后轮横滑的一侧适当地缓转，使车辆逐渐摆正。

（4）驱动轮单边打滑时，可使用差速锁，利用未打滑一侧驱动轮帮助驶出打滑地段；两侧驱动轮都打滑时，应试行倒车，倒车也打滑时，应停车挖走泥浆，铺垫物料，必要时可采取卸载、加载或是借助其他车辆牵引等方法驶出。

3. 冰雪路段行车

车辆在冰雪道路上行驶，因路面摩擦系数小，车轮容易空转或滑溜，造成起步、制动困难或方向失控。行车过程中应掌握好以下要点：

（1）起步时应柔和缓慢，减少驱动轮滑转，适应较小的摩擦力。起步困难时，可在驱动轮下铺垫沙土、炉渣等物料，或在驱动轮下冰面上刨挖出横向沟槽以提高摩擦力。

（2）行进中应缓慢加油、匀速行驶，避免急加（减）速，以防打滑。

（3）冰雪路段行车应提前减速，切忌急刹车。减速时应轻踏制动踏板间断式"点刹"或利用发动机减速，防止车轮打滑。

（4）转弯时应用油门控制提前减速，进入弯道应松刹车，增大转弯半径，不可猛转猛回方向盘以防侧滑。

（5）尽可能避免超车，必须超车时应选好路段，待到前车让车后才可安全超车；会车时选择宽阔路段，不要太靠路边，提前让行。结队行驶时，要加大行车安全间距。尽可能保持直线行驶，不要经常变道，有车辙时最好沿车辙走，没有车辙处要注意周围参照物，辨明道路的走向，尽量选择在路中间行车。

（6）通过冰雪坡道，应根据坡度的大小选择适当挡位或提前挂入低速挡，避免中途换挡。路滑不能上坡时，应铲除冰雪或铺垫沙土、炉渣等物料后再上坡。下坡用低速挡，利用发动机控制车速，避免紧急制动。

（7）停车时先利用发动机减速，再缓缓踏下制动器，避免使用紧急制动。

4. 塌方、落石等路段行车

（1）通过塌方、落石等路段前应先停车观察，在确保安全的情况下，再行通过。必要时可让随车人员下车指挥车辆安全通过。

（2）通过时应控制好油门和车速，避免中途发动机熄火，迅速通过危险地段。

（3）两车以上同行时，应避免同时通过危险路段，以确保遇险后能够相互救援。

5. 冰封河湖路段行车

在野外地质工作中，无论是在何种情况下，禁止野外工作车辆在冰封的河和湖路段行车，野外工作车辆遇到冰封的河和湖路段应当绕开行驶。

在野外地质工作中，无论是在任何时候、任何情况下，禁止野外工作车辆在结冰的河面、湖面行驶，不得为省"道"直接从冰封的河面、湖面通过。

6. 交叉路口行车

交叉路口交通状况复杂、事故频发。为保障出行安全，车辆驾驶员要自觉遵守道路交通安全法和交叉路口通行规定。

通过有交通信号灯控制的交叉路口，应当按照下列规定通行：

（1）在画有导向车道的路口，按所需行进方向驶入导向车道。

（2）准备进入环形路口的让已在路口内的机动车先行。

（3）向左转弯时，靠路口中心点左侧转弯。转弯时开启转向灯，夜间行驶开启近光灯。

（4）遇放行信号时，依次通过。

（5）遇停止信号时，依次停在停止线以外。没有停止线的，停在路口以外。

（6）向右转弯遇有同车道前车正在等候放行信号时，依次停车等候。

（7）在没有方向指示信号灯的交叉路口，转弯的机动车让直行的车辆、行人先行。相对方向行驶的右转弯机动车让左转弯车辆先行。

（二）特殊地理条件下行车

1. 高原行车

（1）出行前应进行健康检查，确认驾驶员的身体处于健康状态。患有心、肺、脑、肝、肾病变，严重贫血、高血压或感冒等疾病时不宜进入高原。进入高原应当多食用高糖、多维生素和易消化的食品，饮食应当适宜，禁止饮酒，注意保暖，防止受凉和上呼吸道感染。对于初次进入高原地区驾车的司机，除注意自己的身体外，还应适当准备防寒衣物、药品、干粮等，预防在高原上可能出现的高原反应以及由于自然灾害等造成被困在途中的情况。

（2）应调换山地轮胎，适当调整轮胎气压。

（3）应当双人双车同行，禁止单人单车在高原野外地区行驶。

（4）在行驶陌生线路前，先了解道路情况和路途食宿点。通过少数民族地区时，必须尊重其风俗习惯。

（5）遇到特殊地段，应下车观察道路情况，确认能够通行时再驾车通过。

（6）山区道路上需要停车时，应选择道路较平坦和视线良好的路段停车，挂入相应挡位或 P 挡，拉紧驻车制动器，以防溜车。在山区道路上超车时，应选择视线良好、道路宽直路段，严禁弯道超车。

（7）高原复杂地形和多变的天气是出行过程中不可忽视的因素，出行前应多了解路况和气象信息。

（8）若发生头痛、头昏、心悸、气短等反应，若症状不严重时，应适当饮水和休息，尽量不要吸氧；若上述症状愈来愈重，应立即吸氧，并到医院就诊或立即送往低海拔地区。

（9）高原迷路时，应当保持头脑冷静，第一时间发出求救信号，在人烟稀少、罕至的陌生地段一旦迷失方位，在无法判明道路的情况下，千万不要盲目地自寻出路。应避免进行大运动量的行为，防止感冒和保持体能，原地等待救援。

2. 山地行车

（1）选择适当的挡位，严格控制好车速，下坡时多用发动机牵阻力控制车速，尽量少使用制动器，以防制动器过热。

（2）行车时要注意靠山崖一侧留有一定的安全距离，以防石崖或树干等物剐碰车辆或货物而发生事故。

（3）上（下）陡坡时超车必须谨慎，待道路平直、宽敞，前车让行，能确保安全后方可超车；会车时应主动让行，选择安全路段，必要时提前在安全地带停车等候。

（4）遇到特殊地段，下车察看道路情况，确认能够通行时再驾车通过。

（5）在通过急转弯道路时，应提前减速，注意前后轮距差，左转弯时沿弯道外侧缓慢行驶，右转弯时适当占线，以防后轮掉入弯道内侧或碰撞内侧障碍物。

3. 沙漠行车

（1）行车必须备足燃料和饮用水，更换适宜沙漠行驶轮胎。

（2）起步时小油门慢松离合器，避免大油门猛松离合器或高转速起步，防止四个轮子被深深陷进沙中，甚至离合器烧死或半轴断裂。

（3）行驶中要匀速行进，踩稳油门踏板，不要忽快忽慢，防止驱动轮突然变换转速而造成陷车。

（4）在行驶中如果前方有大的沙丘或陡坡，应提前提速，利用车速惯性冲上去。一旦冲不上去车速下降时，应采取右转或左转掉头下坡，尽量不让车子停下来。

（5）行驶中途遇到问题需要停车，找较硬或有草的盐碱地或略带下坡的路面停车，便于车子再次起步。

（6）尽量选用适当挡位行进，有利于降温。

（7）经常清理车辆的空气滤清器，减少风沙带来的对发动机的磨损。

（8）陷车时，应立即停车排除车轮周围积沙，将车后倒一段，再前进。不可原地继续驱动，防止越陷越深。

（9）车内水温过高几近"开锅"时，应立即找一块较硬的地方停车，将车头迎风摆放，打开引擎盖，在汽车怠速的情况下，利用自然风降温。

（10）在沙漠中遇见沙暴，应将汽车停在迎风坡，关紧车门车窗躲避沙暴。千万不要到沙丘的背风坡躲避，否则有被沙暴埋没的危险。

（11）沙漠中迷失方向，要保持冷静，将汽车开到最高的沙包上，等待救援，切勿盲目乱开乱走。

4. 戈壁行车

（1）尽量沿前人行驶过的胎痕行驶。保持精力集中，控制好车速，戈壁"平滩"上行驶千万不可轻易加速，而是要注意观察，往往"平滩"的尽头是沟壑。

（2）戈壁滩特有的耐旱植物根茎处有大量的棘刺，极其容易刺破轮胎造成缓慢漏气，且不易发现，更不易修补，造成轮胎报废。无法规避时应尽量使用轮胎正面碾压。

（3）车辆熄火重新发动时，避免使用加大油门或离合器半联动，防止离合器损坏，影响车辆行驶。

（4）戈壁广袤无垠，尤其在前车车辙干扰下，很难辨别自己驾车路线。可在转弯或改变行车方向时停下车来做个标记，以便返程时使用。

（5）汽车经常在戈壁滩行驶，由于振动和冲击不断，水箱易被打烂或破裂漏水，在没有修理条件的情况下，可以用水将石棉线和肥皂搅和在一起，用其堵住漏水部位，可以防止水箱继续漏水。

（6）戈壁滩中迷失方向，要保持冷静，切勿盲目乱开乱走，应将汽车开到地势最高的地方，等待救援。

5. 沼泽行车

沼泽区域应禁止行车，若误入沼泽区可按下列要点进行处置：

（1）立即停车，车内全部人员撤至安全地点。

（2）采取必要的人身保护措施后，对车辆四轮进行观察，可在车轮下铺垫沙土、木板、杂草等物料，采取高转速低挡位驶出。

（3）若陷入较深，应借助其他车辆帮助拖出。

（4）前述方法均不可行，应立即请求救援，切忌盲目施救。

6. 林区行车

（1）林区行车注意防止道路上方、两旁树木枝干擦碰驾驶室、车厢与车载物品。注意树木砍伐后余根、树坑等障碍。

（2）行驶中尽量按原有车辙道路前进。通过林区的窄路、弯路，注意掌握转向时机、前后轮距差，防止车头、车尾和树林擦碰。必要时可将障碍树清除，扩大弯道路面。

（3）通过生疏森林行驶，应注意行进方位，做好路标，防止迷失方向。如迷失方向，一定要按原来车辙返回，切勿估计方向乱行车。可以用GPS定位或用指南针辨别方向，在不经常通车的林区内行车，还要注意野兽的伤害。如果夜间宿营，应紧闭驾驶室，尽量不要下车外出，以免发生意外。

（4）谨防烟火，以免发生火灾。

（5）林区道路松软容易发生陷车，发生陷车时应立即停车，挂上倒挡，将汽车倒出泥坑。车轮打滑无法前后移动时，用自带的千斤顶将车辆顶起，然后在驱动轮前后垫些沙石块、树枝、木板等，加大车轮的抓地力，平稳开出泥坑。

7. 无人区行车

（1）在无人区行车时，应注意做好标志，必须两车以上同时出行，避免单车出行。

（2）野外行车时如遇沼泽地带和易陷车地带，应尽量沿山脚、山腰等地方绕行或向地势高的地带绕行，避免盲目穿越沼泽地带。

（3）遇到河流水大无法通过或在沼泽、冻土地带严重陷车时，不要盲目通过和施救，应等河水变小、地面变硬时，再通过河流或对被陷车辆施救。

（4）两车以上同行通过易陷车地带时，避免同时通过该地段，应前后拉开一定的距离或待前车安全通过后，其他车辆才能通过，以确保遇险情后能相互救援。

（5）在无人区行车迷失路途最危险。迷路时，应当保持头脑冷静，第一时间发出求救信号，在无法判明道路以及方向的情况下，不可盲目自寻出路。应避免进行大运动量的行为，保持体能，并合理分配所剩给养，原地等待救援。

（三）特殊气候条件下行车

1. 雾天行车

雾天行车时能见度低，视线不清，容易产生错觉；道路上雾水与尘泥混合，使轮胎与路面附着力减小、车轮打滑从而使制动距离增加，需要特别注意行车安全。行车前应充分了解目的地的天气状况，同时检查灯光信号装置、刮水器、转向、制动等是否完好。

雾天行车要点如下：

（1）严控车速。能见度为 100～200m 时，时速不得超过 60km；能见度为 50～100m 时，时速不得超过 40km；能见度 20～50m 时，时速不得超过 20km；能见度小于 20m 时，应当靠边停止行车，开启危险报警闪光灯。路口或弯道禁止停车。

（2）正确使用灯光。雾天行车应开启大小灯、近光灯、防雾灯、危险报警闪光灯，夜间行车不宜开远光灯。堵车或路边停车时，应及时开启示廓灯、危险报警闪光灯予以警示。

（3）寻找参照物。雾天行车尽量避免越过道路中心线，应以公路右侧的行道树、护栏、路沿、边线等作为行车参照物。

（4）清洁视线。勤用刮水器和车内除雾装置清除挡风玻璃水雾。

（5）保持车距。尽量低速行驶，与前车保持足够的安全距离，防止发生追尾事故。禁止超越正在行驶的车辆。停车前应平稳制动，防止侧滑。

（6）注意观察。行车过程中要集中注意力，观察判断路面行人、车辆情况和周边地理情况，特别是通过村庄、道口、急弯等段时，应提前减速，做好避让准备。

（7）安全会车。应选择宽阔的路段和地点会车，会车时应关闭防雾灯，适当鸣喇叭提醒对面车辆注意，发现可疑情况，应立即停车让行。

2. 雨雪天行车

（1）慢。在雨雪天气行车时由于不可预测的因素太多，驾驶车辆时慢行可以让突然出现的各种险情留出更多的时间，正确判断险情，选择正确的操作方法。

（2）多看。雨雪天气视线不好，需要眼观六路，耳听八方。

（3）留量。行车时无论是给自己还是别人都多留点量，不要争抢车道。雨雪天气路面附着力小，制动距离明显增加，遇到情况应提前减速。

（4）稳。在雨雪天气行驶时尽量避免急打方向盘、急加速或急减速，动作要比平时慢半拍。在进出路口或转弯时应注意行人和非机动车，爬坡时要注意前后车距离，挂低速挡一鼓作气爬上坡，中途尽量不要换挡。

（5）开灯。开灯行驶是为了提醒其他车辆和行人注意到自己的车辆，具有警示作用。

3. 大风天气行车

（1）在大风伴有扬沙时，应开启危险报警闪光灯，便于其他车辆提早发现。

（2）适当降低车速，正确把握方向盘，保持车辆平稳行驶。

（3）在普通道路应尽量行驶在路面的中心偏右，同时多注意骑车人的动态，骑车人受到风的影响，经常会左右摇摆。

（4）在高速公路和国道上行驶时，应注意大货车，提防车上物品坠落。超越大型车辆时，应加大超车的距离，不要以过快的速度接近大车，应以较小的速差匀速接近，以减少大型车的空气扰流对自己所开车辆的影响。

4. 高温气候行车

（1）防中暑。气温高，驾驶员流汗多，精力消耗大，易中暑。应注意休息、多喝水，带齐水壶、毛巾和防暑药品。

（2）防疲劳驾驶。高温闷热，长时间驾车，容易疲劳。在行车过程中出现打瞌睡的预兆时，应立即停车休息。

（3）防爆胎。气温高会造成轮胎软化和胎压升高，在行驶中容易爆胎。要经常检查轮胎的气压和温度，若胎温过高，须将车停在阴凉处，对轮胎进行降温和降压。禁止采用放气减压或泼水降温措施。

（4）防开锅。检查发动机冷却液是否充足、风扇皮带松紧度、散热器、水泵的工作性能，使其保持良好散热功能。车辆行驶中应注意观察水温等仪表变化，一旦出现开锅现象，应立即停车检查，待水温下降后再加注冷却水。

（5）防火灾。应经常检查线路连接是否牢固、油管是否破损、接头是否渗漏、排气支管是否漏气、车上灭火器等消防器材是否完好有效，以防引发车辆火灾。

5. 低温气候行车

（1）根据气候条件选用适宜的燃油、润滑油、冷却液和玻璃清洗液。

（2）启动发动机后保持怠速（1100r/min）运转，预热发动机、清除挡风玻璃霜雾后再起步。

（3）车辆起步应柔和缓慢，匀速行驶，切忌急加减速。

（4）在山区道路的冰雪路面上行车时，应提前挂入四驱，加装防滑链。

（5）在冰雪路面上行车时，应保持直线行走，不要频繁变更车道，有车辙处最好沿车辙走，没有车辙处应注意周围参照物，辨明道路的走向，提防覆雪掩盖下的坑洼。

（6）停车应选择平坦、干燥地点，避开坑洼潮湿处，以免积水成冰，冻住车轮，造成起步困难。

四、车辆事故逃生常识

(一) 成功逃生的前提条件

成功逃生的前提条件包括三点。①正确的驾姿。背臀紧贴座椅，做到身体与座椅无缝隙。②系好安全带。安全带下部应系在胯骨位置，不要系在腹部；上部则置于肩的中间，大约锁骨位置。一定要将安全带下部拉紧，系好安全带，听到咔嗒声后，还应再次确认。③头脑冷静，判断清晰。

(二) 翻车后的逃生方法

第一，熄火。这是最首要的操作。

第二，调整身体。不急于解开安全带，应先调整身姿。具体姿势是：双手先撑住车顶，双脚蹬住车两边，确定身体固定，一手解开安全带，慢慢把身子放下来，转身打开车门。

第三，观察。确定车外没有危险后，再逃出车门，避免被旁边疾驰的车辆撞伤。

第四，逃生顺序。如果前排乘坐两人，副驾人员应先出，因为副驾位置没有方向盘，空间较大，易出。

第五，敲碎车窗。如果车门因变形或出于其他原因无法打开，应考虑从车窗逃生。如果车窗处于封闭状态，应尽快敲碎玻璃。由于前挡风玻璃的构造是双层玻璃，其间含有树脂，不易敲碎，而前后车窗玻璃则是网状构造的强化玻璃，敲碎一点即整块玻璃全碎，因此应用专业锤在车窗玻璃一角的位置敲打。

第六，逃生时，严禁用明火进行照明。

(三) 车辆入水后的逃生方法

第一，由于车头较重，汽车入水往往是车头朝下，应尽量从车后座逃生。

第二，如果车门不能打开，手摇机械式车窗可摇下后从车窗逃生。

第三，对于电动式车窗，如果入水后车窗与车门都无法打开，这时要保持头脑冷静，将面部尽量贴近车顶上部，以保证足够空气，等待水从车的缝隙中慢慢涌入，车内外的水压保持平衡后，即可打开车门逃生或敲碎车窗逃生。

第八章　地质勘查工程施工安全生产管理

第一节　地质勘查钻探施工安全管理

一、钻探施工危险因素

钻探施工是一个多工种、多工序、立体交叉、连续作业的系统工程。在钻探施工过程中，因为设备、人员、环境和管理上的缺陷，存在着众多的危险因素，钻探过程中的事故发生概率相对较高。

（一）钻前施工安全风险

钻前准备阶段主要完成井架放倒、拆卸、安装、设备的调试和运转、电线路的架设等工作，同时，井场频繁使用拖车、吊车等机械设备，所以危险点源主要分布如下：

第一，井架下或其附近存在的风险。放倒、拆卸、安装井架时，由于机械故障或操作失控，可能发生井架倒塌事故，伤及井架下面及附近人员；同时，井架上可能有工具等物品存留，起井架时可能发生落物伤人事故。

第二，设备工作区存在的风险。各种设备在试运转期间，可能发生伤害事件（因防护设施不全、非操作人员接触等）。

第三，井场存在的风险。起放井架时，须动用拖拉机、吊车、拖车等机动车辆，易发生车辆伤害事故。

（二）钻进施工安全风险

第一，钻台存在的风险。钻进时，各类钻井设施连续运转，如防护设备（护罩等）安装不齐全、保险装置失灵，可能发生机械伤人或设备毁坏。

第二，泵房区存在的风险。钻井泵、管线属于高压设施，易伤人员。

第三，钻井液循环池存在的风险。人员不慎，易坠入池中发生淹溺。同时，处理钻井液时须加入某些化学药品，可能灼伤皮肤。

第四，电气设备及线路附近存在的风险。钻进时，动力系统须带电作业，易发生触电伤人。

（三）钻井施工安全风险

第一，井口存在的风险。完井电测时，要预防测井时放射性物质产生的辐射危害。

第二，高压管线附近存在的风险。固井施工时，要预防高压管线爆裂造成的伤害。

第三，钻台、大门坡道及井场存在的风险，易发生机械伤害。

二、钻探施工场地选择

第一，确定孔位时，应由钻探会同地质及有关部门进行实地查勘，孔位一经确定，不得擅自改动。

第二，选择孔位场地时，在不影响地质及工程设计的情况下，应尽可能地考虑道路交通、水源、居住及地势等因素，为钻探施工的顺利开展创造条件。

三、钻探施工场地修筑

在平地基前应先确定地基的面积和方位。地基的面积是根据不同类型钻探设备、辅助设备及循环系统来确定的。钻探直孔的机场地基的方位除考虑布置全套设备之外，还必须考虑当地的季节风向，避免风害。平地基时，应尽量减少土石方工作量，但必须修在稳固地层，地基要求平坦、坚固。平地基应根据钻孔设计和施工需要并结合安全要求合理确定地基长、宽尺寸和纵长方向。夏季施工的钻孔应尽量使机场前方朝主导风向，以利于对流降低机场内的温度，防止中暑；冬季施工的钻孔则应背向主导风向，防止寒风侵袭；在大风季节，尽可能使钻塔和场房对角线的后侧方向朝向主导风向。

平地基应尽量少填土石，必须填土垫石时，塔基下填垫土石不得超过塔基面积的 1/4，并且在塔脚下不得填方。在山坡上平地基时，可在保证地质质量的前提下，采用削高填低的办法进行，但填方部分必须采取措施防止塌陷和溜方，地基必须坚实、稳固。

为了使地基能承受钻探设备的全部质量及振动负荷，增大地基的抗压强度，防止因地基不稳固而发生塌陷造成钻探设备倾斜或翻倒而损坏设备或导致人员伤亡，机场地基必须平整、坚实、稳固和适用。在修筑地基和安装基座时，应考虑地表情况、钻探设备类型、钻孔深度等。

为防止山上滚石伤人、边坡滑坡、坍塌等造成事故，在山坡修地基时，应清除上方浮石，在靠山边坡开挖地基要正确选取坡度，当山坡岩石坚硬、稳固、地基上方坡度一般在 $60 \sim 80°$ 之间；当岩石松散，坡度应小于 $45°$。

在悬崖下修地基时，应清除崖上活石，并在地基上方适当位置挖积石沟。机场周围应有排水措施。在山谷、河沟、地势低洼地带或雨季施工时，机场地基应修筑拦水坝或修建防洪设施。在河滩、山沟、凹谷地段修筑地基时，应做好防汛、防洪措施，应使地基纵长方向与水流方向一致，必要时应建筑防洪设施，如拦水坝或引水沟。在靠山坡上修地基时，地基上方坡面上汇水量大的应挖排水沟。

在洪水季节施工时，应尽量避开可能受洪水、泥石流侵袭的地方。如确须在可能受洪水侵袭的地方施工，必须挖好排水沟和修筑堤坝。

具体要求如下：

第一，机场地基应平整、坚固、稳定、适用钻塔底座的填土部分，不得超过塔基面积的1/4。

第二，在山坡修筑机场地基，岩石坚固平稳时，坡度应小于80°；地层松散不稳定时，坡度应小于45°。

第三，机场周围应有排水措施。在山谷、河沟、地势低洼地带或雨季施工时，机场地基应修筑拦水坝或修建防洪设施。

第四，机场地基应满足钻孔边缘距地下电缆线路水平距离大于5m，距地下通信电缆、构筑物、管道等水平距离应大于2m。

四、钻探设备搬迁、安装及拆卸

（一）钻探设备搬迁

第一，搬迁前，必须对新老钻场道路进行勘查，为安全行车创造条件，避免发生交通事故。

第二，搬运设备的车辆未进入钻场前，负责搬迁人员应对现场地形、空间进行踏勘，选好吊车位置，为配合人员留足够的安全活动空间，防止发生碰挤砸滑等伤人事故。

第三，搬迁前各种钻具应解卸成小根，摆放整齐。

第四，须搬迁的设备、管材等要捆绑牢固，找好重心，防止钢丝绳滑动及摇摆伤人。

第五，起吊前要切实注意设备的体重与吊车的负荷是否相符。检查绳套的规格、质量、拴法是否符合要求，绳套是否牢固可靠，严格检查绳套在设备上的受力点情况，切不可将绳套放在怕压、怕挤的零件上。

第六，吊车在松软地面上作业时，应将地面垫平、压实，机身固定平稳，支撑安放牢靠。工作区域内应有足够的空间和场地。

第七，吊车作业时，要有专人指挥吊放。吊臂下、吊钩和重物下面严禁有人工作及通行，吊臂回转范围内严禁站人。

第八，吊装油罐、泥浆罐等罐类设备时，必须事先将液体放净，以保吊装及行车安全。

第九，对易燃、易爆、怕压、怕碰的器材，如氧气瓶、电瓶、仪表等应妥善配车拖运，一般装在值班房或材料房内，并用棕绳捆绑牢固。

第十，设备、机械、管材运输时严禁车辆上坐人，车上的物品一定要捆绑牢固。

第十一，行车中应严格遵守交通规则，中速行驶，安全礼让。

（二）钻探设备安装

1. 基台的安装

（1）各种机台木的长度、数量和地基型形式，应根据设备的类型、钻孔设计的角度、深度和地区条件确定。

（2）不论采用木质基台或槽钢、工字钢机台，其摆设要求稳固、周正、水平。各部交叉连接螺栓要加垫圈并上紧螺帽，以增加基础的承载能力和设备的稳固性。

（3）深坑施工，若地基岩层不牢固，则应在钻塔四脚、钻机、动力机、下挖坑灌注混凝土基础。

2. 机械设备安装

（1）钻机、柴油机、水泵必须安装稳固、周正、水平。

（2）天轮、立轴与孔口的各中心线必须在同一条直线上。

（3）钻机、水泵与动力机等各传动轮之间必须对线。

（4）机械传动部位必须安设牢固的防护栏杆或防护罩。机械的各部罩、盖及安全阀门等必须齐全、完整、可靠。

3. 钻塔安装、起立、放倒

（1）钻塔起立、放倒前，开好班前安全会，工作由机长统一指挥，做好分工，工作中思想要集中。

（2）钻塔起立、放倒必须由机长负责操作。

（3）钻塔起立、放倒前必须认真检查井架、人字架的全部销子及是否已穿了保险销钉，井架上的各种绳索是否都已固定牢靠，仔细检查钻塔焊口的焊接情况，井架上的所有螺丝是否都已上紧，井架上大绳穿法是否正确，检查钻机的升降系统是否正确，是否灵活可靠。

（4）检查人字架角度是否正确，人字架上是否拴了保险绳，对柴油机是否采取了保护措施。

（5）起塔前，认真检查绷绳绳卡是否牢固，地锚坑是否符合设计要求。

（6）起塔绷绳坑深度不得小于 2.5m，把基台木必须埋实。

（7）起塔时必须把塔拉至一定高度放下，反复几次检查没问题后，再把塔拉起，钻塔起立、放倒过程中，升降机操作必须平稳，不得突然刹车或猛放，其他人员撤离到安全位置。

（8）起 A 字形钻塔时，操作要平稳，钻塔前后各 30m、左右各 15m 范围内不准站人。

（9）绷绳坑深不得小于 1.5m，挖坑时与地面呈 45°角。

（10）钻塔必须埋设直径不小于 14mm 的绷绳（钢丝绳），其与地面夹角不得超过 45°；绷绳两端连接处均应用 2 个绳卡紧固，绷绳与地锚连接处应设有紧绳器，并将绷绳拉紧。地锚长度不短于 1m，直径不小于 150mm（或采用方木、钢管、水泥墩等）。若利用地物代替地锚时，必须固定可靠。深孔施工或多风区施工，应增设绷绳数量。

（11）雷雨季节，钻塔必须安设避雷针，其高度应超过塔顶 2.5m 以上，并与钻塔绝缘，接地线不得与钻塔接触；接地电阻不得大于 15Ω；开钻前必须测定。在施工过程中，亦应经常检查和测定。

（12）在高压输电线路附近安装钻塔时，钻塔与输电线的安全水平距离应大于钻塔高度 5m。

（三）钻探设备拆卸

第一，拆设备前，首先要切断钻场电源。拆卸设备遇有螺栓扳卸困难时应使用扳手或套筒，使用时必须配合好，防止用力过猛而损坏部件或碰伤人员。

第二，拆卸钻塔时，钻塔上作业使用的工具应及时放入工具袋，不得从钻塔上向下抛掷工具，拆下的塔件用绳子下放至地面，严禁从上向下抛掷。

第三，放倒 A 字形或其他形式的整体钻塔时，首先要认真检查绷绳绳卡是否牢固，地锚坑是否符合设计要求。放塔操作要平稳，钻塔前后各 30m、左右各 15m 范围内不准站人。

五、冲洗液循环系统设置

第一，循环系统的沉淀池、水源池及储浆池的规格，应根据所施工的钻孔的设计深度、孔径、钻进方法及现场条件确定。一般沉淀池的深度不应小于 0.8m；水源池及储浆池的深度不得大于 1.4m。

第二，在正常情况下，循环系统的总长度不得短于 15m，其宽度为 300mm，高度为

200mm，坡度为 1/100～1/80。

第三，循环系统应挖设在离塔基及场房 1m 以外，并应防止漏失或雨水的侵入。

六、钻探机台安全防护设施

（一）钻探机台安全防护设施要求

第一，钻塔座式天车应设安全挡板；吊式天车应安装保险绳。

第二，钻机水龙头高压胶管，应设防缠绕、防坠安全装置和导向绳。

第三，钻塔工作台，应安装可靠防护栏杆。防护栏杆高度应大于 1.2m，木质踏板厚度应大于 50mm 或采用防滑钢板。

第四，塔梯应坚固、可靠；梯阶间距应小于 400mm，坡度小于 75°。

第五，机场地板铺设，应平整、紧密、牢固；木地板厚度，应大于 40mm 或使用防滑钢板。

（二）活动工作台安装、使用要求

第一，工作台应安装制动、防坠、防窜、行程限制、安全挂钩、手动定位器等安全装置。

第二，工作台底盘、立柱、栏杆应成整体。

第三，工作台应配置 $\Phi 30mm$ 以上棕绳手拉绳。

第四，工作台提引绳、重锤导向绳应采用 $\Phi 9mm$ 以上钢丝绳。

第五，工作台平衡重锤应安装在钻塔外，与地面之间距离应大于 2.5m。

七、特殊条件下的钻探作业安全

（一）水域钻探作业安全

第一，水域勘查作业前，应进行现场踏勘，并应收集与水域勘查安全生产有关的资料。踏勘和收集资料应包括：①作业水域水下地形与地质条件；②勘查期间作业水域的水文、气象资料；③水下电缆、管道的敷设情况；④人工养殖及航运等与勘查作业有关的资料。

第二，编写水域钻探纲要，应包括：①水域勘查设备和作业船舶选择；②锚泊定位要求；③水域作业技术方法；④水下电缆、管道、养殖、航运、设备和钻探作业人员安全生产防护措施。

第三，钻探作业期间应悬挂锚泊信号、作业信号和安全标志。

第四，水域钻探过程应保证有效通信联络。作业期间应指定专人收集每天的海况、天气和水情资讯，并应采取相应的安全生产防护措施。

第五，钻探作业船舶行驶、拖运、抛锚定位、调整锚绳和停泊等必须统一指挥、有序进行，并应由持证船员操作。无证人员严禁驾驶钻探作业船舶。

第六，水域钻场应符合这些规定：①宜避开水下电缆、管道保护区；②应根据作业水域的海况、水情、钻探深度、钻探设备类型和负荷等选择钻探作业船舶或钻探平台的类型、结构强度和总载荷量，钻探作业船舶或钻探平台的载重安全系数应大于 5；③采用双船拼装作为水域钻场宜选用木质船舶，两船的几何尺寸、形状、高度、运载能力应基本相同，并应连接牢固；④作业平台宽度不应小于 5m，作业平台四周应设置高度不小于 0.9m 的防护栏，钻场周边应设置防撞设施；⑤水域漂浮钻场安装钻探设备与堆放勘探材料应均衡，可采用堆放重物或注水压舱方式保持漂浮钻场稳定；⑥钻探作业船舶抛锚定位应遵守先抛主锚、后抛次锚的作业顺序，在通航水域，每个定位锚应设置锚漂和安全标志；⑦钻探设备与钻探作业船舶或钻探平台之间应连接牢固，钻塔高度不宜大于 9m，且不得使用塔布或遮阳布。

第七，水域钻探作业应符合这些规定：①作业人员安装勘探孔导向管应系安全带，在涨落潮水域作业应根据潮水涨落及时调整导向管的高度；②水域固定式钻探平台的锚绳必须均匀绞紧，定位应准确稳固；③漂浮钻场应有专人检查锚泊系统，应根据水情变化及时调整锚绳，并应及时清除锚绳、导向管上的漂浮物和排除船舱内的积水；④严禁在漂浮钻场上使用千斤顶处理孔内事故；⑤在钻场上游的主锚、边锚范围内严禁进行水上或水下爆破作业；⑥停工、停钻时，钻探船舶应由持证船员值班；⑦钻探船舶横摆角度大于 3°时，应停止勘探作业；⑧能见度不足 100m 时，交通船舶不得靠近漂浮钻场接送作业人员。

第八，水域钻探作业完毕，应及时清除埋设的套管、井口管和留置在水域的其他障碍物。

（二）特殊地质条件下的钻探作业安全

第一，不良地质作用发育区钻探作业应符合这些规定：①在滑坡体、崩塌区、泥石流堆积区等进行钻探作业时，应设置监测点对不良地质体的动态变化进行监测；②作业过程中发现异常时应立即停止作业，并应将作业人员、设备撤至安全区域；③在岩体破碎的峡谷中作业应避免产生大的振动等；④靠近陡坡、崖脚地段一侧的钻探场地应设置排水沟。

第二，低洼地带钻探作业应符合这些规定：①应加高钻探设备基台，并应选择作业人员撤退的安全路线；②钻探物资应放置在作业期间预计的洪水位警戒线以上；③大雨、暴雨、洪水或泄洪来临前，应将作业人员和设备转移至安全地带。

第三，沙漠、荒漠地区钻探作业应符合这些规定：①作业现场应备足饮用水；②作业人员应配备安全防护用品和通信、定位设备；③作业人员应掌握沙尘暴来临时的防护措施。

第四，高原区钻探作业应符合这些规定：①作业现场应配足氧气袋（瓶）、防寒用品、用具等；②作业人员应配备遮光、防太阳辐射用品；③应携带能满足通信和定位需要的设备。

（三）特殊场地条件下的钻探作业安全

第一，冰上钻探作业应符合这些规定：①冰上勘查作业前应收集勘查区域的封冻期、结冰期、冰层厚度、凌汛时间、冰块的体积和流速，以及气象变化规律等资料；②勘探作业应在封冻期进行，勘查期间，应掌握作业区域水文、气象动态变化情况，应有专人定时观测冰层厚度变化情况，发现异常应立即停止作业，并应撤离人员和设备；③应预先确定钻探设备迁移路线和作业人员活动范围，冰洞、明流、薄弱冰带应设置安全标志和防护范围；④除钻探作业所需的设备器材外，其他设备器材不得堆放在作业场地内；⑤不得随意在作业场地内开凿冰洞，抽水和回水须开凿冰洞时，应选择远离钻探作业基台、塔腿的位置。

第二，坑道内钻探作业应符合这些规定：①勘探点应选择在洞顶和洞壁稳定位置，钻探基台周边应设置排水沟；②不宜使用内燃机做动力设备；③坑道内通风和防毒应符合钻探防尘、防毒的有关要求。

第三，作业场地照明应符合这些要求：①应按危险场所等级选用防爆型照明灯具，照明灯具的金属外壳应与 PE 线相连接；②潮湿和易触及带电体场所的照明，电源电压不得大于 24V，特别潮湿场所，电源电压不得大于 12V；③移动式和手提式灯具应采用三类灯具，并应使用安全特低电压供电。

第四，滑轮支承点应牢固，结构应可靠，强度和附着力应满足卷扬机最大提升力的要求。

第五，作业过程发生涌水时，应立即采取止水或降排水措施；止水或降排水措施不到位时，不得将钻具提出钻孔。

第六，存在危及作业人员人身安全危险因素的区域，应设置隔离带和安全标志，夜间应设置安全警示灯。作业人员应穿反光背心。

八、其他作业保护

（一）钻探作业防火

第一，钻探作业现场临时用房消防器材配备应符合现行国家标准《建筑灭火器配置设计规范》的规定，每幢不得少于 2 具，消防器材应合理摆放、标志明显，并应有专人负责保管。

第二，作业现场和临时用房内严禁使用明火照明，严禁使用无保护罩电炉取暖，在无人值守情况下严禁使用电热毯取暖。

第三，作业现场取暖装置的烟囱和内燃机排气管穿过塔布和机房壁板处应安装隔热板或防火罩。排气口距可燃物不得小于 2.5m。

第四，柴油机或其他设备油底壳不得用明火烘烤。

第五，在林区、草原、化工厂、燃料厂及其他对防火有特别要求的场地内作业时，必须严格遵守当地有关部门的防火规定。

第六，油料着火时，应使用砂土、泡沫灭火器或干粉灭火器灭火，严禁用水扑救。用电设备着火时，必须先切断电源然后再实施扑救。

第七，含易燃气体地层钻探作业防火措施应符合这些规定：①钻探作业现场不得使用明火或存放易燃、易爆物品；②钻探时应注意观察勘探孔内泥浆气泡和异常声音，发现返浆异常或勘探孔内有爆炸声时应立即停止作业，并测量孔口可燃气体浓度，并应在确认无危险后再复工；③当勘探孔内有气体溢出或燃烧时，应立即关停所有机械和电器设备，设立警戒线和疏散附近人员，并应立即报警。

第八，在油气管道附近钻探作业时，应先查明管道的具体位置。发生钻穿管道事故时应立即关停所有机械电器设备、熄灭明火、设立警戒线和疏散附近人员，并应立即报警。

（二）钻探作业防雷

第一，雷雨季节，在易受雷击的空旷场地钻探作业，钻塔应安装防雷装置。机械、电气设备防雷接地所连接的 PE 线应同时做重复接地，同一台机械电气设备的重复接地和机械的防雷接地可共用同一接地体，但接地电阻应符合重复接地电阻值的要求。

第二，接闪器安装高度应高于钻塔 15m 以上，接闪器和引下线与钻塔间应采取绝缘措施。

第三，勘查作业现场防雷装置冲击接地电阻值不得大于 30Ω。

第四，遇雷雨天气时，应停止现场勘查作业，躲避雷雨严禁在树下、山顶和易引雷场所。

(三) 钻探作业防尘

第一，在粉尘环境中作业时，作业人员应按规定正确使用个人防尘用具，并应定期更换。

第二，产生粉尘的作业场所，扬尘点应采取密闭尘源、通风除尘、湿法防尘等综合防尘措施，作业环境中空气粉尘含量应小于 $2.0\mathrm{mg/m^3}$。

第三，在粉尘环境中工作的作业人员，应定期进行体检，患有粉尘禁忌证者不得从事产生粉尘的工作。

(四) 钻探作业环境保护

第一，在城市绿地和自然保护区勘查作业时，应采取减少对作业现场植被的破坏的措施。

第二，勘查作业前，应对作业人员进行环境保护交底，并应对勘探设备进行检查、维护。作业过程中应按环境保护要求对设备添加和排放油液、泥浆排放、弃土弃渣处理、噪声等进行控制。

第三，对机械使用、维修保养过程中产生的废弃物应集中存放、统一处理。

第四，作业现场严禁焚烧各类废弃物，作业过程产生的弃土、弃渣应集中堆放，易产生扬尘的渣土应采取覆盖、洒水等防护措施。

第五，有毒物质、易燃易爆物品、油类、酸碱类物质和有害气体严禁向城市下水道和地表水体排放。

第六，在城区作业时，应严格按国家或地方有关规定控制噪声污染，当噪声超标时应采取整改措施，并应在达到标准后再继续作业。

第二节　地质勘查坑探工程安全管理

一、坑探工程安全

(一) 坑探工程安全设计

坑探工程施工安全设计应当掌握相关技术资料：断层、破碎带、滑坡、泥石流的性质和规模；最高洪水位、含水层（包括溶洞）和隔水层的性质等水文地质资料；小窑、老窿的分布范围、开采深度和积水情况；沼气、二氧化碳赋存情况，矿物自然发火倾向和煤尘爆炸性；对人体有害的矿物成分、含量及变化规律，工区至少一年的天然放射性本底数据；坑道内的热害情况；矿区工程布置图；生产、生活用水的水源和水质。

坑探工程安全设计如下：

1. 设计依据

（1）勘查项目依据的批准文件、合同和相关的合法性证明。

（2）国家、地方政府和主管部门的有关安全规定。

（3）采用的主要技术规范和标准。

（4）前期开展勘查工作所获取的相关资料、勘查方案和坑探施工组织设计，以及其他设计依据。

2. 项目概述

（1）探矿权设置以及探矿权人、勘查单位基本情况。

（2）探矿区位置、探矿区范围及前期已开展的地质勘查工作情况。

（3）探矿区气象水文、地貌等自然地理情况及交通运输等基础设施条件。

（4）坑探工程概述。包括坑探工程的总体布置、探矿井巷的参数、探矿井巷的施工方法、爆破方案和参数、井巷通风系统、井巷排水系统、提升运输系统、供电系统，以及供水、通信、信号及主要设备等。

（5）影响坑探施工的主要因素及对策。

3. 危险、有害因素分析

（1）自然危险、有害因素分析。包括：①地质构造和主要岩体结构面；②对施工不利的工程地质和岩石力学条件；③水文地质条件；④内因火灾倾向；⑤有毒有害物质；⑥气象水文、地貌等危险、有害因素；⑦其他自然危险、有害因素。

（2）作业过程危险、有害因素分析。

（3）附属设施（炸药库、堆渣场、生活办公设施等）危险、有害因素分析。

（4）探矿区内的废弃巷道、空区等情况及其危险、有害因素分析。

4. 安全对策措施

（1）总图布置、井巷口及生活办公等临时设施选址的可靠性及相应安全技术措施。

（2）设备搬迁、运输、安装过程中的安全保障措施。

（3）井巷工程施工的安全技术措施。

（4）防止冒顶片帮事故的支护等安全技术措施。

（5）预防洪水淹井和透水事故以及井巷防排水的安全技术措施。

（6）井巷通风安全技术措施。

（7）爆破作业安全技术措施。

（8）爆破器材运输、存储、搬运、领退等安全管理措施。

（9）提升运输和机械设备防护装置及安全运行保障措施。

（10）供电系统及电器设备安全运行保障措施、防雷电措施。

（11）防尘毒等有害物质的安全技术措施。

（12）消防设施的设置，有自然发火倾向矿岩的防灭火措施。

（13）堆渣场可能发生危害的预防措施。

（14）预防其他危害的措施。

5．安全管理

（1）安全管理机构及人员配备、安全职责。

（2）危险性较大设备设施的检测检验。

（3）事故应急救援预案及组织保障。

（4）特种作业人员的配备和管理。

（5）作业人员的安全教育培训。

（二）坑探工程安全基本要求

坑探工程是许多固体类型矿床的基本勘探手段之一，坑探工程应用在地质工作各个阶段。在区域地质调查阶段，以施工探槽、浅井为主，用于揭露基岩、追索矿体露头，圈定矿区范围，为地质填图提供直观资料；在矿产普查阶段，以地下工程为主，掘进较短的水平坑道和倾斜坑道（称短浅坑道），查明地质构造，采取岩、矿样和进行地质素描等，以提高地质工作程度，做出矿床评价；在勘探阶段，常须掘进较深的水平、倾斜和垂直坑道（称中深坑道），以探明矿床的类型、矿体产状、形态、规模、矿物组分及其变化情况等，以求得高级矿产储量。

根据国家安全监管总局印发的《金属非金属矿产资源地质勘探坑探工程设计安全专篇编写提纲》的通知，坑探工程《安全专篇》应由承担坑探工程项目施工具有相应资质的地质勘查单位编写，危险性较小的槽探工程项目可不进行《安全专篇》审查坑探工程施工安全基本规定如下：

第一，职工应配备必需的劳动防护用品，并学会正确使用。

第二，进入槽、巷、井下工作面时，个人劳动防护用品应穿戴齐全。

第三，人员入坑（井）应注意观察爆破地点各种标志、信号和来往车辆等。

第四，放炮后坑道内必须充分通风后才能进入工作面进行安全检查及出渣等后续工作。

第五，爆破作业后严禁将剩余火工品留置于坑道内。

第六，未经许可的非作业人员，不得随便进入工作地点。

第七，在偏僻孤立的地区或危险作业地点，要指派有经验的人员进行工作，不允许单人进行作业。

第八，在靠近居民点、人行道及放牧区施工的工程，必须采取严格的安全措施，防止爆破、出渣等造成人身事故或损坏建筑物。工程完工后，应及时回填或封闭。

第九，在较陡的斜坡上，禁止上下同时施工。施工前，对工程上部的松石和滚石必须组织力量清除。特别是对停工较久、解冻时期或雨后施工的探槽、浅井的帮壁，要仔细检查有无裂隙、松动和坍塌。

第十，进入老窿、洞穴和已停工的坑道内工作，应采取有效的安全措施，防止中毒、窒息、崩塌、跌滑事故发生，在洞口应设有应急安全设施，留有观察联系人员。

第十一，坑道开口时应及时支护或砌筑挡土墙。坑口支护必须安全可靠。

第十二，坑口应设休息工棚，在生产现场应备有地质应急药箱及饮用开水，经常存放一定数量的外伤和急救药品。

第十三，勘探放射性矿床时，坑（井）口附近应设简易洗澡间、更衣室和烤衣房，不准将工作服等衣物带回宿舍。下班后要洗澡、更衣，吃饭前要洗手、漱口。生产现场禁止进食和吸烟。

第十四，放射性矿勘探过程中采出的矿石，应尽可能回填，否则要采取筑坝封存等措施，不准混入废石或任意堆放。

第十五，坚持预防为主的方针，切实做好防尘、防毒、防火、防爆、防触电、防雷、防洪、防风、防暑降温、防寒防冻、防污染、防坍塌等安全工作。

第十六，定期进行安全卫生大检查及粉尘、放射性和有害气体的测定工作。对经常接触粉尘、放射性和有害气体的职工，应定期进行身体检查。

二、槽探作业安全

槽探作业是为了揭露基岩，用于观察地质现象和取岩、矿样的一种地表工程。

其安全技术要求包括：①探槽最高一般不得超过3m，槽底宽一般不小于0.6m，两壁坡度按土质和深浅而定，一般为60~80°，在潮湿松软土层，不应大于55°；②人工挖掘时，禁止采用挖空槽壁底部使之自然塌落的方法；③在槽壁松软易坍塌地层中挖掘探槽，要及时进行支护；④槽内有2人以上施工时，要保持3m以上的安全距离；⑤凡影响交通、危及人畜安全的探槽，在满足地质要求后，都要及时进行回填；⑥采用爆破法开挖时，应控制装药量和抛掷距离，并严格遵守露天爆破中有关的安全规定；⑦槽壁要保持平整，松石要及时清除，严禁在悬石下作业。槽上两侧0.5m以内不得堆放土石和工具。

三、浅井工程安全

浅井工程是坑探勘查的一种常用手段，用以揭示地层资料。其中，浅井是从地表向下铅垂方向掘进的一种深度和断面都较小的地质勘探坑道。其断面形状一般为圆形和矩形，断面面积为0.96~2.20m²，深度一般不超过20m。在地质勘探中广泛用于了解基岩的地质矿产情况和采集样品，提供编制地质图件所需资料等。

浅井工程的安全技术要求如下：

第一，浅井深度不得超过20m，净断面不得小于0.96m²。土质条件好，无坍塌地层，可用人力掘进小圆井，深度不超过5m。

第二，浅井井口段必须有金属或木质井框背板支护，井身段据地层情况确定是否需要进行支护。

第三，在不稳固砂砾层、含水层掘进浅井时，必须采取止水、降低水位、加强支护等防止井壁砂土流失（空帮）的安全技术措施。

第四，井下爆破必须采用电雷管或非电导爆雷管起爆。

第五，提升设备必须有牢固可靠的制动装置和安全挂钩。吊桶装岩时，井下要有安全护板，板厚5~10cm，距离井底不得超过3m。

第六，吊桶装岩时，装岩体积不得超过吊桶容积的80%。

第七，升降工具时，工具必须放到桶底，露出桶口部分要用绳捆绑在桶梁上。

第八，应设安全梯供人员上下；下井人员应配安全带，安全带必须牢固地拴在稳固件上。禁止乘坐手摇吊桶（筐）上下或沿绳索和爬井壁上下。

第九，在山坡上掘进浅井时，应先将井口附近的松土（石）清除；如上下均有井位时，应先开完下部井后再开挖上部井。在平地掘进浅井时，距井5m以内，不准堆放工具、物料和石渣等。

第十，浅井支护的拆除要由下向上，边回填边拆除。

第十一，浅井在完成地质工作前，井口应设置围栏；完成地质任务后，必须全部回填。

四、爆破作业安全

爆破作业有露天爆破作业和地下爆破作业。露天爆破包括硐室大爆破、台阶（中深孔）爆破、浅孔爆破、二次爆破及覆土爆破等。地下爆破有井巷掘进爆破和采矿中的浅孔和中深孔爆破。按爆破作业的程序可分为施工准备、炮位验收、起爆体加工、装药、填塞、起爆、检查等环节。爆破性质不同，规模不同，各个环节的内容均有差异。但无论哪种形式的爆破，爆破作业人员都必须接触易燃易爆物品，因此，必须认真做好每个环节的工作，才能保证爆破作业的安全。

其中爆破作业人员安全规程如下：

第一，爆破工应根据爆破孔深和孔数领取爆破材料。剩余的爆破材料应及时退库（或发放站），不得移交下班或自存，防止丢失。

第二，工作面应采用一次点火起爆法。

第三，爆破工作至少由两人进行。

第四，搬运爆破材料应使用专用的帆布袋或木箱盛装，炸药和起爆材料必须分搬分运。

第五，不许将爆破材料放在电机车头或铲运机斗内运送，应由专人背运。

第六，所领爆破材料不应乱丢乱放，应放在较为干燥安全的地方，起爆材料和炸药应分开存放。

第七，起爆药包的加工，只准装药前在爆破工作面附近的安全地点进行，其数量应不超过该次爆破的需用量。

第八，加工起爆药包时，只准用略大于雷管直径的木竹或铅质锥子，在药包卷一端（非集中穴端）扎一小孔，小心地将雷管全部插入药卷中，并用细绳将药卷和雷管固定好。

第九，在加工起爆药包时，不得采用明火照明，更不准抽烟。

第十，有水的炮孔要使用防水炸药。

第十一，爆破工装药前，要用木质炮棍全面详细地检查炮孔内有无岩渣、积水以及炮孔的深度、方向、位置和抵抗线的大小是否符合要求，禁止往不合格炮孔罩装药。

第十二，起爆药包装入炮孔后，禁止拔出和拉动。

第十三，装药时只能使用木质炮棍，不得使用铁器和其他金属制品。

第十四，填装炸药和炮泥，要一手拉导爆管，另一只手装填，应不使导爆管发生弯曲和折损。

第十五，装填炮泥长度不得小于孔深的1/4，并将炮泥填至孔口。

第十六，爆破前应该检查放炮工作面的工具、设备是否转移到安全地点，各炮孔装填是否符合安全要求。布置好警戒人员，然后起爆。

第十七，使用导爆管雷管爆破的方法和注意事项包括六点。①要根据炮孔数量、排列形式和位置，领取不同段数的导爆管雷管进行分段爆破。②导爆管连接。采用簇联法连接时，一般每簇导爆管雷管不超过 20 发。③导爆管连接方法，可采用并串联或串并联相结合的连接方法。④导爆管的连接应采用连接块或用胶布将每根导爆管紧紧地和起爆雷管捆扎在一起的方法。⑤导爆管连接不应打死弯，连接角度应为 10~15°。⑥起爆雷管聚能穴方向必须与导爆管的传爆方向相反。

五、槽探、浅井与坑探工程作业安全防护

（一）通风与防尘

在槽探、坑探与井巷作业中通风与防尘的安全作业要求如下：

第一，坑道作业面的空气成分，按体积计算氧气不得低于 20%，二氧化碳不得超过 0.5%。

第二，坑道内氡气不大于 3.7kBq/m³，氡子体的潜能值不大于 6.4mJ/m³。

第三，采取措施，改善劳动环境，坑道内工作面空气的温度不得超过 27℃，井下相对湿度保持在 50%~70%。

第四，坑道所需风量按这些要求分别计算，并取最大值。①按井下同时放炮使用的最多炸药量计算，每千克炸药供给的新鲜空气不得少于 25m³/min；②按同时工作的最多人数计算，每人每分钟供给的新鲜空气量不得小于 4m³；③工作面的风速不得低于 0.15m/s；④按坑道同时作业柴油机运输设备台数计算，每马力每分钟供应的风量为 3m³。

第五，放炮后要将风筒及时接至工作面，使风筒末端与工作面距离，压入式通风不超过 10m，抽出式通风不超过 5m，混合式通风不超过 10m。

第六，为降低风阻要做到：吊挂平直，拉紧吊线，逢环必吊，缺环必补，拐弯缓慢，放出积水，有破损要及时补好。

第七，坚持以风、水为主的综合防尘措施，做到湿式凿岩标准化，通风排尘、喷雾洒水制度化，个人防护经常化。

第八，凿岩用水尽量保持清洁，禁止使用污水，要求固体悬浮物不大于 150mg/L，pH 值为 6.5~8.5，给水量（质量）应达到排水分量的 10~20 倍，一般不小于 3L/min。

第九，喷洒水要求包括：①喷雾水要常开，坑道内有人，喷雾不停；②装岩前，应向工作 10~15m 内的顶、帮和岩渣上洒水，岩渣要分层洒水，洒湿洒透；③作业巷道应定时进行清洗，半年不少于一次。

第十，检查测定包括：①应定期测定作业地点的温度、湿度、风速和粉尘浓度，掌握含尘量的变化情况，凿岩工作面每月测定两次，其他工作面每月测定一次，并逐月进行统计分析、上报和向职工公布；②每月测定一次井巷内有毒有害气体的浓度，每半年测一次

空气成分；③建立矽尘作业职工健康登记卡片，对从事粉尘作业人员每年应进行职业性健康检查，并建立健康登记卡片，对患有职业病者，应按规定及时予以治疗或调换工作。

（二）供电与照明

在槽探、坑探与井巷作业中供电与照明的安全作业要求如下：

第一，电气设备、线路的设计、安装、维护、检修等，都必须严格执行有关安全操作规程。

第二，雷雨天气不得在户外进行电气安装、拆卸或测试维修作业。

第三，线路跳闸后，严禁强行送电，在查明原因，排除故障后，方可送电。

第四，正确选择导线安全载流量、开关容量、熔断器熔体的熔断电流；禁止使用多根熔丝或用金属线等代替熔断丝，熔断丝的选择要和额定电流相匹配。

第五，自行架设的架空线路与地面之间的距离，居民区低压线路不小于 6.0m，高压线不小于 6.5m；非居民区低压线路不小于 5.0m，高压线不小于 5.5m。

第六，施工供电线路禁止使用裸体线路，穿过道路交叉及施工场地时应穿入保护管内。

第七，地表用电设备金属外壳应有符合要求的保护接零或接地，但在同一网络中，禁止一部分采用保护接零，另一部分采用保护接地。

第八，坑道电气设备禁止接零，必须配漏电保护装置。

第九，坑道内电缆铺设必须符合这些规定：①动力线、照明线、电缆及不同电压的电缆、电线必须分开吊挂在坑道两帮；②悬挂点间距不大于 5.0m，电缆与风、水管平行铺设时，电缆在风、水管上部，其相互间距应不小于 0.3m。

第十，坑道照明，其电压不大于220V，经常移动的照明灯，必须配有专用灯罩。

六、装岩、运输及提升作业

井巷装岩作业是利用扒岩机、装载机等设备把岩块装到皮带或者溜子上；运输及提升作业就是利用矿车、电机车将物料、岩块等沿着运输系统运送到各个工作面或者井底。

其相关安全要求如下：

第一，出渣前应敲帮问顶；检查有无残炮、盲炮；检查爆破堆中有无残留的炸药和雷管。

第二，作业前应对作业点进行通风、喷洒、洗壁后方准作业。

第三，作业地点、运输途中均应有良好的照明；运输与提升必须同时安设声、光信号装置。

第四，人力推矿车时不准溜坡，拐弯应减速，严禁放手让矿车自行奔驶。推矿车时，双手应把住车厢后部中央位置，在车辆运行中要抬头看路，若前方有人或障碍物，应及时发出信号并采取相应措施。

第五，汽车、拖拉机出渣必须遵守这些规定：①汽车驾驶员必须持双证上岗，持有拖拉机驾驶证方准开拖拉机；②严守交通规则和操作规程，严禁酒后开车；③对车辆做到勤检查、勤调整、勤保养；④汽车在坑道中行驶时应开前灯和后灯，装车、倒车、卸车应听从有关人员指挥，并注意周围人员；⑤不准人物混装，通过坑道、拐弯处、出口处，应慢速通过。

第六，斜井井口井下工作面附近必须设置方便可靠的阻挡器，以防跑车伤人。

第七，卷扬机工必须经过培训上岗，必须严格交接班制度，操作者必须思想集中，谨慎操作。

第八，倾角小于30°、垂直深度超过90m的斜井和倾角大于30°、垂直深度超过50m的斜井，升降人员必须由专用人车运送。

第九，斜井应设专门人行道并有扶手，提运时禁止行人。

第十，人车要有顶棚，列车之间除连接装置外，必须有保险链，并装有可靠的断绳保险器，当断绳时，各车辆上的断绳保险器应能同时起作用，既能自动也能手控。

第十一，斜井运输用的连接装置、保险链、提升钢丝绳的安全系数不得小于13，并定期检查，发现问题及时处理或更换。

第十二，斜井提升钢丝绳不得在巷道底板、侧帮或枕木上硬磨，必须每隔一定距离设置地滚，侧向拐弯时应设立地滚。

第十三，提升最大速度，不得超过这些规定：①升降人员为3m/s；②用矿车升降物料时为4m/s；③用箕斗升降物料时为6m/s。

第十四，竖井中升降人员，必须使用罐笼或带乘人用的箕斗，禁止使用普通箕斗升降人员。

第十五，罐笼内须设有可靠的阻车器，罐笼内的最大载重量，应在井口公布，严禁超载。

第十六，升降人员或物料的罐笼必须有安全可靠的防坠器，并经常检查，每半年至少试验一次。

第十七，罐道每周应检查一次，井口摇台和自动托台每日应检查一次，并做好记录，发现问题及时处理。

第十八，用于提升人员和物料的连接装置，使用前须用最大负荷的两倍进行拉力试验，每半年试验一次。

第十九，地表及各中段井口必须装设安全门。地表车场和井底车场，必须装设阻车器。竖井提升系统应设置预防过卷装置，其过卷高度应符合这些规定：①提升速度在3m/s以下时，不小于4m；②提升速度在6m/s以下时，不小于6m；③提升速度在6m/s以上时，不小于最大提升速度值；④提升速度在10m/s以下时，不小于10m；⑤开凿竖井用吊桶提升时，不小于4m。

第二十，采用钢丝绳罐道的单绳提升系统，提升用绳应使用不扭转钢丝绳。

第二十一，凿井期间用吊桶升降人员，吊桶顶沿导向钢丝绳内升降，吊桶上部须设坚固的保护伞。

第二十二，所有升降人员的井口及卷扬机房，均须有这些告示牌：①每班上、下井的时间表；②信号标志；③每层罐笼内每次允许乘载人数；④其他有关升降人员的禁止和注意事项。

第二十三，浅井手摇车制动刹车应灵活可靠。升降时，井口与井底应有专门的信号联系，提升容器装岩不得过满。

七、支护与排水

（一）支护

支护为地下井巷开挖后的稳定及施工安全，而采取的支持、加强或被覆围岩的构件或其他措施的总称，采用传统矿山法施工时，支护类型有保留矿柱、架设支架、加固岩石三种。采用新奥法施工时，按支护作用效果可分临时支护和永久支护两类，包括喷锚支护、钢木支撑、混凝土衬砌、注浆支护等多种类型。

其中支护的安全作业规程如下：

第一，为了保持坑道围岩的稳定性，有效地控制坑道围岩的变形和防止冒顶、片帮、坍塌，除坚硬岩层外，均应根据坑道的用途和具体情况，选择有效的支护方法。

第二，在破碎、松散或不稳固的岩层中掘进，应遵守超前锚、短开挖、弱爆破、早支护、快封闭、勤测量的原则及时采取措施。

第三，遇断层、破碎带地段要派有经验的人员统一指挥，制定妥善有效措施，确保安全通过。

第四，支护必须由熟悉支护安全技术措施和规定且具有丰富经验的工人担任，支护开工前必须认真清理顶、帮浮石和松石。

第五，锚喷作业须遵守这些规定：①喷射操作人员应经培训方准上岗，操作时应戴好口罩、安全帽、胶质手套、防沙眼罩等劳动保护用品，并扎好袖口，扣好衣服纽扣，作业时要有足够的照明；②操作中喷头不准对人，喷射手应牢牢握住喷头，两脚要站稳，集中精力操作，抓握枪头及站立姿势要正确；③喷射混凝土是一种尘量极大的作业，必须加强通风，用吸出式通风，吸风口距喷浆机不超过 10m；④在松软破碎地层中进行喷锚作业，必须先打超前锚杆，预先护顶，在含水的地层中喷锚时，必须做好防水工作。

第六，在坑道施工中，应加强围岩监控测量工作，以便指导支护。

（二）排水

井巷排水是井巷施工期间排除涌水和废水的作业过程。井巷施工时，大气降水、地表水、坑道涌水、疏干水、施工用水等涌入巷道，构成矿井涌水。为确保井巷施工的正常进行，防止矿山水灾，应按井巷施工排水的特点，采用不同的排水方法，选用适当的排水设备。

其安全作业规程如下：

第一，在工程施工中，必须搞清施工区及附近的地表水流系统、当地降雨量、历年最高洪水位和地质水文情况，并结合具体情况，制定防水及排水措施。

第二，施工区受洪水威胁时，应修防洪堤。

第三，坑道掘进应设排水沟，向下倾斜的坑道掘进，应配备排水设施，抽干积水。

第四，竖井、斜井、浅井，应根据涌水情况，选择排水设备排水，但必须用一备一。

第三节　地质勘查实验测试安全管理

"地质实验测试在地质工作中占据着十分重要的作用，其技术更是有非常高的要求。在时代高速发展的今天，地质实验测试技术越来越成熟，对实际的地质工作有着非常大的推动作用。地质工作中涉及的地质实验测试技术包括了地质原位分析、形态分析、绿色分析等。"

一、地质勘查实验基本安全要求

（一）地质实验室布局

1. 环境要求

（1）通风。实验测试因在制样、熔样、测样中，存在粉尘、化学试剂、有毒有害气体、易燃易爆气体等危险源，测试人员将直接接触危险有害因素，加之实验测试场所必须为相对密闭空间，不得为敞开式或半敞开式。如果不能及时排出有毒有害物质（主要为气溶胶），同时又不补充新鲜干净的空气，将损害测试人员身体健康，导致职业病。或者因易燃气体聚集，如果不能及时排除而发生火灾爆炸事故。所以，为了防止实验室测试人员吸入有毒有害气体、粉尘，实验室中应有良好的通风，必要时应设空调。实验室通风通常采用机械通风方式，或在补风风量不足时采用自然通风和机械通风结合的方式。

通风设施通常分为全面通风和局部通风装置，实验室常使用局部通风。通风设施应按照具体功能和测试要求，分别设置通风除尘装置和通风排毒装置，不得混用，如熔矿焙烧通风柜应分别布置在不同的实验室。局部排风装置、补风装置必须具有满足使用要求的功率和风量。通风设施中引风机和鼓风机的选型应满足通风、补风要求。机械通风进风口应设置在室外空气比较清洁的地点，应尽量在排风口上风侧（指全面主导风向），且应低于排风口，底部距室外地坪不宜低于2m。另外，在存在易燃易爆气体区域应设置事故排风装置。

（2）湿度和温度。实验室要求适宜的温度和湿度。室内的小气候，包括气温、湿度和气流速度等，对在实验室工作的人员和仪器设备有影响。夏季的适宜温度应是18~28℃，冬季为16~20℃，湿度最好在30%（冬季）~70%（夏季）之间。除了特殊实验室外，温湿度对大多数理化实验影响不大，但是天平室和精密仪器室应根据需要对温湿度进行控制，一般可设置空调装置。

（3）洁净度。经常保持实验室的清洁是非常重要的。室外大气中的尘埃，借通风换气过程会进入实验室，实验内含尘量过高，空气不净，不但影响检测结果，而且，其粉尘落在仪器设备的元件表面上，可能构成障碍，甚至造成短路或其他潜在危险。洁净实验室价格高昂，建议不是特殊需要可不进行洁净实验室设计，若有需要可以对大型精密仪器室、特殊实验室进行设计，一般达到万级净化要求即可。若有多个洁净实验室，送排风系统应各自独立设计，独立使用。

2. 设施要求

（1）供水与排水、排污。实验室都应有供排水装置，排水装置最好用聚氯乙烯管，接口用焊枪焊接。化学检验实验台有可能都应安装水管、水龙头、水槽、紧急冲淋器、洗眼器等，其中用于清洗玻璃器皿尽量采用热水，保护作业人员身体健康。一般实验室的废水（如清洗玻璃器皿的水）无须处理就可排入城市下水网道，而实验室的有害废水（废酸、废碱、含重金属、有毒）必须净化处理后才能排入下水网道。现代化的实验室都应建设配套的污水处理站，一般实验室的废水无须处理就可排入污水处理站进行处理，对高浓度的酸碱废水应先中和再排入污水处理站，对此类废水的排放建议采用耐酸碱的排水管道，从实验室直接排放到处理站，对大量使用有机溶剂的实验室应安装耐有机溶剂的排水管道，例如可采用铸铁管接入污水处理站，也就是说，实验室应根据不同功能，采用不同材料的排水管道，分别设计，相互之间不交叉，分别排放到污水处理站。

测试废水净化处理后达到国家环保部门规定的废水排放标准才能排入下水网道，如废水中 pH 值达到 6~9 方可排放。实验室的供水有自来水和实验用纯水，除了自来水，建议安装纯水处理装置，保障实验室用水，并且在相关实验室纯水终端加装超纯水处理装置，满足精密仪器使用要求。

（2）供电。电力是实验室重要辅助设施之一。一般分为动力电和照明电，为保障实验室的正常工作，电源的质量、安全可靠性及连续性必须保证。其动力电和照明电必须分开；对一些精密、贵重仪器设备，要求提供稳压、恒流、稳频、抗干扰的电源；必要时须建立不中断供电系统，还要配备专用电源，如不间断电源（UPS）等。还应经常检查配电设施，保证其有效、正常运行。

（3）供气与排气。实验室使用的压缩气体瓶，应保持最少的数量，必须牢牢固定，或用金属链拴牢，绝不能靠近加热装置、明火，或直接暴晒。如果因条件限制或测试需要存在热源装置时，气瓶和热源至少距离 10m，并且应做好通风降温，保障环境温度维持在安全范围。实验室的废气大部分为废酸气，如量少，可直接排出室外，但排出管必须高出附近房顶 3m 左右；对大量的废酸气，可参考工业废气处理方法用吸附、中和等方法来处理，如排风管出口处设置吸附槽，利用活性炭、活性炭纤维、硅胶、活性氧化铝和大孔吸附树脂等吸附剂，进行废酸气的净化，如有条件也可利用吸收法和吸附法相结合进行净化。

值得注意的是，上述净化方法只针对废酸气，若还存在其他有毒有害气体，且量大时，应按照其特性选择其他净化方式，如洗涤法（吸收法）、冷凝法、催化转化和非平衡等离子体法等。总之，根据实验测试的具体情况具体分析应用净化方法。如果理化实验室不是在最高一层，废气的排放必须采用专用管道从楼顶排放。

（二）实验室电气安全

第一，实验室用电设有动力电总开关和照明电总开关，开关闸刀时，严禁用手触摸电闸裸露处，节假日期间应关闭动力电总开关。

第二，实验室在晚间、假日和实验室无人时，严禁使用电热、电力的各种无自动控制的仪器设备。

第三，电器设备必须安装保护接地设施，大量用电的实验室（大电流、高压）必须专设地线，定期一年检查一次，接地电阻均不得超过 4Ω。

第四，所有电源不能超过负荷使用，并按规定使用保险丝。

第五，加强安全用电教育，严禁在测试场所乱接乱拉电源线。

第六，应定期检查实验室高低压配电室中变压器、配电柜（箱）、连锁保护装置、电气线路的安全状况，发现问题及时排除。定期清理配电室内可（易）燃物，保持室内清洁卫生，并在配电箱（柜）、配电室醒目位置设置安全警示标志，如"高压止步""注意安全""当心触电"等。

第七，经常检查测试场所内各类电气设施、设备线路绝缘皮、电源开关是否完好无破损，线路接头有无松动，线路、设备表面是否发热，电气屏蔽装置是否有效完好等问题，若有隐患及时排除。外接的电气线路必须采取绝缘耐火保护，如穿管、设置线槽等，发现线管、线槽存在破损、变形、腐蚀严重及机械性损伤时，应及时更换。

（三）实验室消防安全

第一，实验室内严禁吸烟，禁止违章动火作业。如确实需要动火作业，应进行动火审批手续，达到动火作业安全条件后方可动火。存放易燃、易爆等危险品的实验室内严禁使用明火。其室内灯具、电气设备（设施）应选用防爆型设备。

第二，室内严禁大量存放易燃易爆气体、可燃液体、易燃固体、自燃物品和遇湿易燃物品，不得使用汽油、酒精擦拭仪器设备。

第三，不得超负荷用电，不得随意加大保险丝容量，不得乱拉乱接临时电源线。配电箱前方不得堆放物品。

第四，不得将照明电源接入仪器设备使用，不得使用电炉、电磁炉等明火设备取暖。

第五，电气设备注意防潮、防腐、防老化、防电线短路，工作完毕要及时切断电源。

第六，室内试剂柜上不得摆放物品，木制试剂柜距灯具不得少于 60cm。物品堆放不得过高（一般 2m 以下为宜）。

第七，室内及走廊不得随地堆放可燃、易燃物品，经常检查清理废报纸、废报纸盒等可燃物。

第八，实验室严禁设置职工宿舍。

第九，在走廊、楼道等安全疏散通道内不得存放任何试剂、仪器、钢瓶、箱柜、样品和其他杂物，确保疏散通道通畅无阻。

第十，公用实验室应由科长指定专人管理，不用时应及时锁门，室内经常保持清洁卫生。

第十一，不得擅自将外单位人员带进实验室，确因工作需要，由科长批准后，方可带进。

第十二，下班时应由各测试室负责人检查水、电、气和窗户是否关好。

第十三，通过安全教育培训，教育工作人员了解掌握"三懂四会"消防安全知识，熟悉消防器材的放置地点使用方法，掌握自我防护技能和组织其他人员疏散逃生的知识，并会报火警。

第十四，电阻炉、加热板严禁空烧。

第十五，使用易燃易爆气体的测试场所内，气瓶应尽量放置在智能气瓶柜内，气瓶柜应与事故排风装置连锁，同时设置可燃气体探测器和报警装置作为备用。若有泄漏，可及时发现处理。

（四）实验室除尘

第一，碎样、选矿、磨片作业均应在通风罩（柜）内或在有通风、防尘的条件下进行，要全面贯彻风、水、密、护、管、查综合降尘措施，搞好粉尘的沉降和捕获工作，防止污染环境。

第二，作业场所的粉尘浓度应符合国家工作卫生标准，每季检查一次，检测结果要及时向工作人员公布，达不到防尘要求的防尘设施，不准投入使用。

第三，操作人员在工作时必须穿好工作服、戴好口罩及防护眼镜。

第四，废弃的矿样应作为工业垃圾在指定的地点处理，不得污染环境，有放射性物质的废样，要按当地环保部门的要求处理。

第五，实验测试作业中产生粉尘较大的环节是在碎样作业当中，粉尘处理一般有湿法除尘、电除尘、旋风除尘、冲击式除尘、袋式除尘等方式。实验室一般采取袋式除尘和冲击式除尘方式，因其有除尘效果理想、方便操作、体积较小和价格适中等优点。

第六，选冶、磨片作业中产生的粉尘一般较小，不会对环境和人员造成极大危害，但作业人员必须佩戴防尘口罩。

二、地质实验安全技术

（一）危险物品管理与使用

1. 危险物品的使用

（1）取用药品或吸取酸、碱、有毒、放射性溶剂及有机溶剂时，必须用专用工具或器械（如移液管），严禁采用倾倒的方式进行试剂取用。开启易挥发性试剂时，瓶口应转向通风柜内，防止发生中毒、窒息事故。

（2）使用高氯酸、过氧化钠等强氧化剂时，注意不要和有机物、易燃物、还原剂等接触，以防着火。

（3）操作有机溶剂必须在通风条件良好处进行，并要远离火种。在任何情况下都不允许用明火直接加热有机溶剂。

（4）操作氧化物必须佩戴防毒口罩、橡皮手套，严防溅洒玷污。废液应经处理后才能排放。

（5）使用汞的实验台应将汞及时水封，对洒出的汞可以用银物捕收，以免汞在室内蒸发引起中毒。

（6）凡在操作稀释时能放出大量热的酸、碱时，必须边搅拌边将酸、碱倒入存有冷水的耐热玻璃器皿中稀释。

（7）禁止使用没有标签说明的药品、试剂。

（8）搬运大瓶（坛装）酸、碱和其他腐蚀性液体时，应特别注意容器有无裂纹及外包装是否牢固。从大容器分装时，10kg以上的玻璃容器不准用手扶持倾倒。

（9）使用各类危险化学试剂时，必须佩戴劳动防护用品，发现劳动防护用品破损时，必须及时更换。

（10）各类化学试剂使用结束后，应及时放回试剂柜内，严禁在测试室内随意摆放。

（11）使用的盐酸、硫酸、高锰酸钾、丙酮等为易制毒化学品，属于国家管制物品，应严格按照《易制毒化学品管理条例》，办理购买审批备案证明手续。

（12）禁止任何人员将化学试剂带出实验场所，或用于除测试工作以外的其他无关活动。

2. 危险物品的保管

（1）危险物保管仓库必须符合防火、防潮、防震、通风等要求，库内要干燥阴凉，照明要完好，要有两个以上的安全出口。

（2）易燃品、易爆品、有毒品、氧化剂、腐蚀剂、压缩或液化气体，应分库存放。易燃、易爆品应分库贮于地下室中；剧毒品应存放于保险柜内；高剂量放射性药品和标准源，应在铅室中存放，不得在露天或车间过道存放，并绝对禁止开放状态存放。

（3）仓库内严禁烤火取暖、吸烟和使用明火。库内不许分装有毒的化学药品，而只能以原包装发放。

（4）危险物品入库前，必须检测登记；发放时按最低用量发放，并进行登记；库存物品应定期检查，账物相符。

（5）存放危险品的仓库，应配备消防设施和通信报警装置，剧毒品要分类专库专人保管，执行"双人双钥匙"制度，领取剧毒品时必须进行审批手续，记录领取量、领用人、领取日期、用途等情况。

（6）仓库醒目处应设置安全警示标志，如"严禁烟火""注意安全"等。

（7）各类危险化学试剂，应按照隔离、隔开和分离的方式进行贮存。

（二）实验安全防护

1. 安全设施

（1）个人安全防护与应急用品。包括防酸碱护目镜、防毒口罩、防酸气口罩、耐高温手套、防紫外线护目镜、防割手套、防重金属口罩、正压式空气呼吸器、半面式防尘口罩、帽子、防噪声耳罩、防酸碱服、防辐射服、橡胶手套、鞋套、工作鞋等。

（2）实验室安全设施。①化学试剂储存柜。腐蚀性、毒害性等危险化学试剂储存专柜。②消防设施。如各类灭火器、消火栓、消防警报系统。③通风排毒除尘设施。如排风扇、通风橱、送排风系统。④应急防护设施。如急救室、放急救药物的清洁专用台、防护屏、洗手池、护眼设施，大型专业实验室应附设更衣室、氧气呼吸器、空气呼吸器、淋洗设备等。⑤备忘录牌。上面应有火警电话、急救电话等信息。

2. 人员安全防护

（1）实验室人员对工作及实验室设施中潜在风险受过培训，严格遵守各项操作规程和各项安全规定。

（2）实验室人员应熟悉实验室及其周围环境和水闸、电闸、消防器材的位置。

（3）进入实验室的人员应按规定穿戴实验工作服。

（4）进行危险物质、挥发性有机溶剂或其他有毒化学物质等化学品操作实验，应穿戴防护用具。

（5）进行危险物质、挥发性有机溶剂或其他有毒化学物质等化学品操作实验，不准戴隐形眼镜。

（6）进行的实验操作与高温有关时，应配备防高温护具或戴防高温手套。

（7）操作人员不应在手上有水或潮湿状态下接触电气设备。

（8）辐射场所工作人员应遵守国家辐射和安全防护相关规定。

（9）实验室人员职业健康监护工作应按《中华人民共和国职业病防治法》的规定执行，定期进行职业健康检查工作。

（10）从事放射性工作人员职业健康应按《放射工作人员职业健康管理方法》的规定执行。

（11）实验室人员应按月发放保健费。

（三）放射性防护

第一，凡从事 X 射线分析和放射性矿石制样、分析测试、鉴定和选冶实验等，均应严格执行国家有关放射性同位素和射线装置安全防护要求。

第二，凡产生放射性粉尘、气溶胶和其他有害气体的地面作业场所，应配备必要的通风机净化过滤装置。

第三，有放射性的矿样、选冶尾砂、废物和污染物要集中起来，定期处理。排放时必须符合国家规定的排放标准，防止环境污染。

第四，放射性防护分为内防护和外防护。其中：外防护包括时间防护、距离防护和屏蔽防护；内防护包括除污保洁、个体防护等。在使用有放射危害的仪器时，应采取人机分离的方式，仪器室与操作室之间尽量用铅墙隔离，作业人员应佩戴防辐射工作服、手套等。

第五，在醒目位置设置安全警示标志，仪器房窗户应设置防盗栏杆，仪器室门应为防盗门，防止发生放射源和射线装置丢失事故。

第六，定期进行电离辐射职业健康检查（一般岗中检查频次为1次/年）。

第七，从事辐射作业工作人员，除在本单位需要接受安全教育培训外，还应参加由环保部门组织的辐射安全防护培训，取得相关资格证。

第八，废弃的射线装置一般由原厂家收回，废弃的放射源应按照有关规定交由环保部门处理，不得私自进行变卖、转让、拆卸。

第九，禁止无关人员进入测试场所。

（四）机电仪器的管理

第一，机电仪器必须按有关规程要求安装，并便于使用、保养和检修。

第二，使用精密仪器的人员必须经过培训才能上岗，精密仪器须由专人保管，建立使用登记制度，发生故障应及时向主管人员报告，严禁擅自拆修。

第三，机械设备的运转部分，必须安装有防护罩，机械要定期进行维修保养，不得带病运行。

第四，产生X射线和电磁辐射的仪器设备，必须有可靠的防护装置，严格按规程操作。

（五）废弃物管理

第一，要建立废水、废气、废渣的排放检查制度，排出的"三废"应符合国家环保排放标准。对实验室周围的水、大气等要进行定期监测，做好经常性的监测和防护工作。

第二，大量有机溶剂废液不得倒入下水道，应尽可能回收处理。

第三，含有氟化物的废液，不得直接倒入水池中，应经过处理后生成无毒的溶液后，再排入下水道中。

第四，放射性废液应倒入专门的废液池中，定期处理，严禁任意排放或渗漏。

第五，化学实验后的废水在排入城市下水道前，应经中和及净化处理，有害物质不得超过排放标准，并应定期检测。

参考文献

[1] 穆满根. 岩土工程勘察技术 [M]. 武汉：中国地质大学出版社，2016.

[2] 蔡国军，苏道刚. 地基岩土工程勘察实习教程 [M]. 西南交通大学出版社，2016.

[3] 姜宝良. 岩土工程勘察 [M]. 2版. 郑州：黄河水利出版社，2016.

[4] 王奎华. 岩土工程勘察 [M]. 2版. 北京：中国建筑工业出版社，2016.

[5] 曾照明，毕海民. 岩土工程与环境 [M]. 北京：北京工业大学出版社，2017.

[6] 何林，袁健，刘聪，等. 岩土工程监测 [M]. 哈尔滨：哈尔滨工业大学出版社，2017.

[7] 宁宝宽，于丹，刘振平. 岩土工程勘察 [M]. 北京：人民交通出版社，2017.

[8] 龚晓南，杨仲轩. 岩土工程测试技术 [M]. 北京：中国建筑工业出版社，2017.

[9] 贾显卓，赵晋，王超. 岩土工程与技术 [M]. 长春：吉林科学技术出版社，2017.

[10] 吴圣林. 岩土工程勘察 [M]. 2版. 徐州：中国矿业大学出版社，2018.

[11] 刘春. 岩土工程测试与监测技术 [M]. 北京：中央民族大学出版社，2018.

[12] 张敏，董成会，杨浩明. 南水北调中线岩土工程质量与安全保障理论与实践 [M]. 郑州：黄河水利出版社，2018.

[13] 梁志荣. 既有深坑地下空间开发利用岩土工程技术与工程实践 [M]. 上海：同济大学出版社，2018.

[14] 夏玉云. 岩土工程勘察资料分析系统使用手册及有关算法说明 [M]. 西安：陕西科学技术出版社，2018.

[15] 齐永正. 岩土工程施工技术 [M]. 北京：中国建材工业出版社，2018.

[16] 席永慧. 环境岩土工程学 [M]. 上海：同济大学出版社，2019.

[17] 谢东，许传遒，丛绍运. 岩土工程设计与工程安全 [M]. 长春：吉林科学技术出版社，2019.

[18] 马明. 水利水电勘探及岩土工程发展与实践 [M]. 武汉：中国地质大学出版社，2019.

[19] 刘先林. 三维地质建模技术在交通岩土工程中的应用 [M]. 长春：吉林大学出版社，2019.

[20] 郭阳. 岩土工程技术创新与应用 [M]. 长春：东北师范大学出版社，2019.

［21］李林. 岩土工程［M］. 武汉：武汉理工大学出版社，2020.

［22］公路岩土工程勘察设计资料选编编写组. 公路岩土工程勘察设计资料选编［M］. 郑州：黄河水利出版社，2020.

［23］李向阳，张石虎. 岩土工程便捷设计导图［M］. 武汉：中国地质大学出版社，2020.

［24］耿楠楠，许乃明. 注册岩土工程师执业资格考试专业案例［M］. 郑州：黄河水利出版社，2020.

［25］王志佳，吴祚菊，张建经. 岩土工程振动台试验模型设计理论及技术［M］. 成都：西南交通大学出版社，2020.

［26］龙志阳. 矿山建设与岩土工程纪念中国煤炭学会矿山建设与岩土工程专业委员会成立40周年·1980—2020［M］. 徐州：中国矿业大学出版社，2020.

［27］赵秀绍，莫林利. 千枚岩土掺入红黏土混合填料路用工程性质研究［M］. 徐州：中国矿业大学出版社，2020.

［28］蔡新. 堤防工程安全风险评价［M］. 南京：河海大学出版社，2020.

［29］柴华友，柯文汇，朱红西. 岩土工程动测技术［M］. 武汉：武汉大学出版社，2021.

［30］汤爱平. 岩土地震工程［M］. 哈尔滨：哈尔滨工业大学出版社，2021.

［31］孔宇阳，廉超，陈新强. 土的天然密度对地表地震动参数的影响［J］. 大地测量与地球动力学，2017，37（08）：797-801.

［32］吴英华. 浅谈土的物理性质指标［J］. 林业科技情报，2018，50（01）：110-111.

［33］吴士龙，何小龙，刘启航. 岩土工程勘察分析及地基处理技术应用［J］. 中国住宅设施，2022（06）：13-15.

［34］张东方. 浅析岩土工程勘察中常见问题及解决方法［J］. 四川水泥，2021（01）：119.

［35］王杰，李维，翟洁. 湿陷性黄土地区岩土勘察中存在的问题及解决措施［J］. 地下水，2022，44（03）：185-186.

［36］潘奕舟. 湿陷性土力学性质成因分析［J］. 陕西水利，2020（05）：8-9+13.

［37］代万品. 红黏土地基工程勘察及地基处理探析［J］. 工程技术研究，2019，4（07）：203-204.

［38］申燕. 基于软土地基岩土工程的勘察技术探究［J］. 有色金属设计，2018，45（03）：27-29.

［39］田林伟. 东北多年冻土区域勘察测定要点［J］. 中国新技术新产品，2016（24）：170-171.

［40］盛晓杰，赵枫. 岩土工程防护技术探析［J］. 工业建筑，2021，51（10）：266.

［41］郑舒芳. 岩土工程中边坡治理技术的探讨［J］. 世界有色金属，2018（11）：209-210.

［42］高宏. 岩土爆破标准化规范［J］. 低碳世界，2016（01）：161-163.

［43］薛文彬. 原位测试在岩土工程地质勘察中的应用探析［J］. 安徽建筑，2022，29（08）：91-93.

［44］王远清. 论岩土工程施工与现场监测［J］. 中华民居（下旬刊），2013（01）：239-240.

［45］蔡加伟. 滑坡防治措施［J］. 价值工程，2014，33（12）：135-136.

［46］龚梦. 探讨泥石流形成机理及其农田危害防治［J］. 福建农业，2015（06）：167.

［47］吕峥. 深部金属矿产资源地球物理勘查与研究［J］. 黑龙江科技信息，2016（35）：145.

［48］安有望. 新时期非金属地质矿产勘查工作手段及方法［J］. 世界有色金属，2017（11）：266+269.

［49］王秉义. 地震勘探项目安全生产管理的措施［J］. 工程技术研究，2020，5（13）：155-157.

［50］汪宏涛. 野外地质勘查安全生产管理分析［J］. 中国金属通报，2020（03）：164+166.

［51］陈延胜，唐玲，韩亮. 地质工作中的地质实验测试技术研究［J］. 西部资源，2017（04）：21-22.